我型我塑
周玲岚 主编
U0396656
只要你敢动手画，我就有信心把你变成大师！
让我们行动起来吧！
浙江工商大學出版社
ZHEJIANG GONGSHANG UNIVERSITY PRESS

图书在版编目（CIP）数据

我型我塑 / 周玲岚主编. — 杭州 ：浙江工商大学出版社，2018.1
ISBN 978-7-5178-2421-3

Ⅰ. ①我… Ⅱ. ①周… Ⅲ. ①粘土－手工艺品－制作 Ⅳ. ① TS973.5

中国版本图书馆 CIP 数据核字（2017）第 266000 号

我型我塑
周玲岚 主编

责任编辑 张婷婷 沈敏丽
责任校对 穆静雯
装帧设计 林朦朦
责任印制 包建辉
出版发行 浙江工商大学出版社
（杭州市教工路 198 号 邮政编码 310012）
（E-mail：zjgsupress@163.com）
（网址：http://www.zjgsupress.com）
电话：0571-88904980 传真：0571-88831806
印 刷 杭州五象印务有限公司
开 本 787mm×1092mm 1/16
印 张 9.5
字 数 197 千
版 印 次 2018 年 1 月第 1 版 2018 年 1 月第 1 次印刷
书 号 ISBN 978-7-5178-2421-3
定 价 45.00 元

首先,感谢一直支持我的家人和为本书提供帮助的学生。

本书是造型设计系列教材之一,主要定位是Q版形象的设计与黏土衍生产品的制作。“我型我塑”是教材内容的宗旨,即通过知识学习从设计自我开始,实现自己的Q版形象设计,设计完成后通过黏土制作实现从平面到立体的作品成型。从了解Q版形象到设计Q版形象,再到制作Q版形象模型的过程,使作品更为实用,同时也帮助学生全面了解Q版形象的特征及黏土手工制作的要点。

如果你想设计自己或朋友的Q版形象,并把他们的形象用黏土制作出来,你就可以选择这本书。

本书不仅适合动画与漫画造型设计的课堂教学,对于Q版形象爱好者、黏土人物制作爱好者来说也是非常实用的,适合各年龄层学生学习动画与漫画类绘画时使用。

本书在编写过程中参考了大量的资料,在此对这些资料的原作者深表感谢。由于资料来源辗转,未能一一辨明作者的姓名,请有关作者及时与我们联系,我们将按有关规定支付相应稿酬。部分图片由今虹卡通有限公司提供,感谢公司负责人周杰剑的大力支持!

本书参编人员:贺晨媛、周杰剑、方建国、郑维琼、张艳敏。

2017年10月

目录 CONTENTS

第一章

抓住 Q 的奥秘

第一节　认识 Q 版人物

“Q”，是英语单词“cute”的谐音。“cute”一词的发音是 [kjuːt]，根据《现代英汉综合大辞典》的解释，“cute”为形容词，意为逗人喜爱的，聪明的，伶俐的，漂亮的。在实际运用中，“Q”也表示幼稚、无知、年轻。“Q”在美国俚语当中还有“不起眼但不可缺少”的意思，因为在“QWERTY 式键盘”中，“Q”位于左上角，很不起眼，但在 26 个英语字母当中，又不能缺少“Q”，所以有此含义。传统理解可能更为接近“可爱的”。在一些卡通作品中，使用“Q”的地方往往是要表现一种较为俏皮的风格，因此在很多场合，当形容某件物品或某人比较可爱的时候，常将其形容为“Q”。

则卷阿拉蕾

《阿拉蕾》（又名《怪博士与机器娃娃》《IQ 博士》）是日本著名漫画家鸟山明在 20 世纪 80 年代创作的科幻题材搞笑少年漫画，该作曾两度被改编为电视动画，并有多部剧场版动画上映

小黄人

小黄人是电影《神偷奶爸》中的角色，小黄人的形象一出来，就受到很多观众的好评，很多电影周边系列产品相继制作销售，小黄人的经典话语也被观众争相模仿

哆啦A梦

《哆啦A梦》是由日本漫画家藤本弘和安孙子素雄共同创作的漫画作品

葫芦兄弟

《葫芦兄弟》是上海美术电影制片厂于1986年原创出品的13集剪纸系列动画片，是中国动画第二个繁荣时期的代表作品之一，开播至今已经成为中国动画经典

第二节　Q版人物的特点

Q版人物最具特征的部分通常集中在头部五官，绘制时，常将头部夸张，而将身体部分进行简化。Q版人物的身高通常是2—4个头的高度，这样的比例最接近新生儿，可以达到最Q的效果。

一、Q版人物的特点

将下图写实人物和Q版人物做对比，我们可以很清晰地看到人物头部被放大了好几倍，五官进行了夸张化处理，特别是眼睛，占了脸部很大的面积。Q 版人物的身体同样具备写实人物的各类元素，但都被缩小了。原来修长有曲线的身体变成了矮小平坦的儿童身体。从视觉习惯出发 ，我们看到这个 Q 版人物的第一视线就是眼睛，第二视线是整个头部，第三视线是身体，最后获得整体印象。在设计时我们可以根据视觉习惯把握好整体关系。

明星蔡依林和她的 Q 版形象

将下图进行对比，我们可以发现 Q 版人物身体变小的同时，手脚也变短了。

火影忍者和他的 Q 版形象

Q 版人物可以说是在婴儿或儿童的身体比例甚至更夸张比例的基础上，加了成人的元素，再进行了五官等元素的夸张化处理，以更好地呈现 Q 版人物可爱的特点。

通过下面这些图片我们可以清晰地了解到 Q 版人物的主要特点：头大身小、短手短脚、五官夸张、俏皮可爱。

可爱的 Q 版人物

二、Q 版人物的头身比例

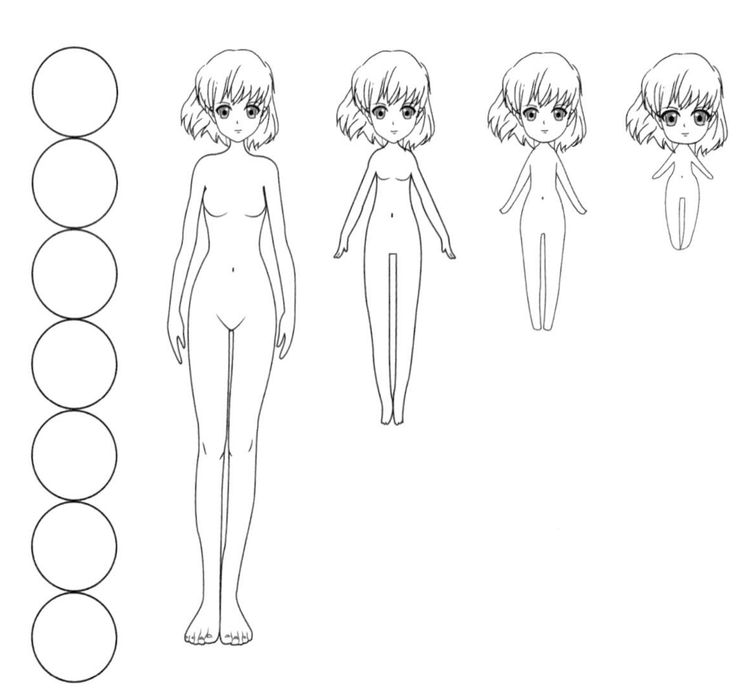

Q 版人物的头身比例

正常人物的身高一般为6—8个头的高度。Q版人物的头身比通常为1：2—1：4，也就是说Q版人物的身高一般在2—4个头的高度。人物头身比越大体态越成熟写实。

7头身是正常人物标准的成年身体比例。在绘制正常比例的时候一定要注意人体结构，了解人物骨骼和肌肉的长相。

4头身属于萌系人物的头身比，腰部的位置在身体的二分之一处，身体的比例从腰部开始缩小，较为修长。4头身适当加粗了四肢，让身体看起来更加平衡，避免头重脚轻。4头身的Q版人物拥有较为修长的四肢与躯干，在绘制时不需要像7头身那样细致，但是该有的主要结构还是需要画出来的。

4头身人物：《法海不懂爱》的角色设计作品（今虹卡通供稿）

3头身是运用最多的Q版人物头身比，人物头部所占的比重继续增加，整个躯干、腿部和头的长度一致，形成三等分头身比。手部和腿部的细节刻画可细致也可省略。

3头身人物：角色设计作品（今虹卡通供稿）

2头身的人物是"萌神"的代表，由两个大小相同的圆组成，分别代表头部与身体。绘制时注意身体更圆润，胸部缩小，肚子变大，给人胖嘟嘟、肉乎乎的感觉。我们看

下面这张图。

2 头身人物：角色设计作品（今虹卡通供稿）

※ **动动脑　动动手**

（1）请各位同学找一找还有哪些耳熟能详的 Q 版人物，并把他们画到下面，至少要 2 个哦！

第二章

用“我”的小 Q 脸萌翻你

头部是 Q 版人物绘制最重要的部位，画好头部是绘制整个人物的关键。Q 版人物不像写实类人物那样必须遵守人物解剖原理，但 Q 版人物的绘制也有它的基本原则，下面我们一起来学习吧！

第一节 人物头部 Q 化秘诀

学生黄贾茵和她的 Q 版形象

Q 就是可爱的代名词，人们总是觉得小的、肉乎乎的东西比较可爱。婴儿、儿童都是我们觉得可爱的对象。在进行 Q 版角色设计时，越往婴儿的结构比例设计，越会给人可爱的感觉。了解婴儿和成人的结构比例变化，有利于设计出 Q 的人物形象。现在我们来认识一下婴儿到成人的头骨变化。

从婴儿头骨、儿童头骨和成人头骨的结构来看，头骨随着年龄的增长慢慢拉长，五官也随着年龄的增长慢慢地向上分散。五官中眼睛在整个头骨中的占比随着年龄的增加越来越小。

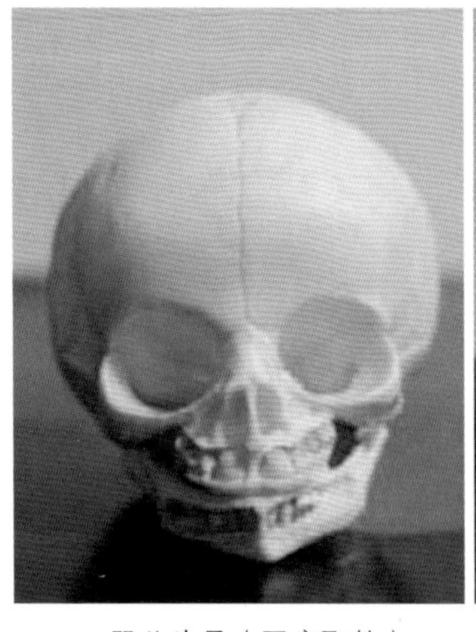

婴儿头骨（压扁聚拢）

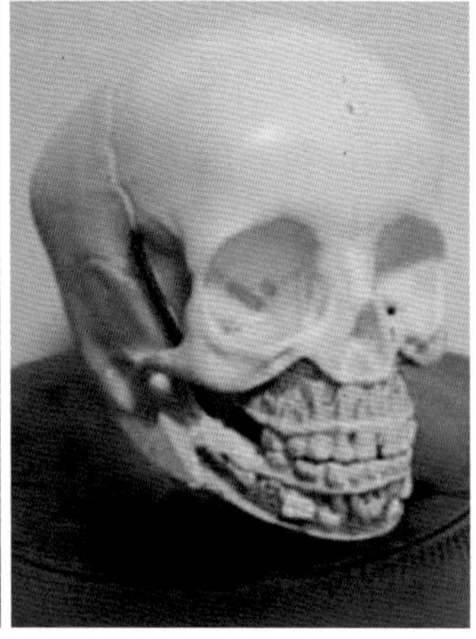

儿童头骨（过渡）

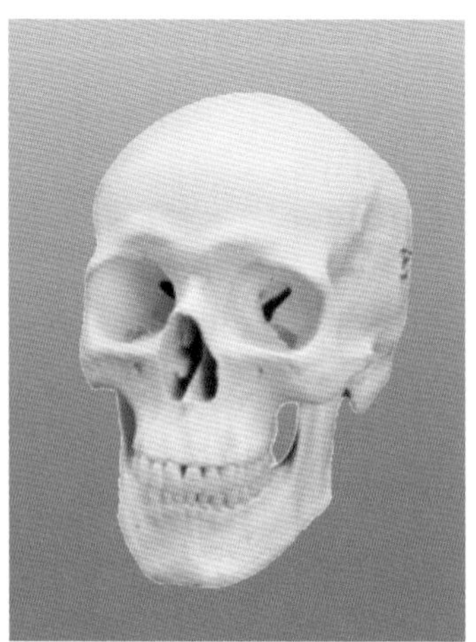

成人头骨（拉长分散）

所以要想让角色的脸部比较可爱，可以参考这几点：**①额头在整个头骨中占的比重越大越可爱；②脸部五官向下聚集，越往下越可爱；③眼睛在整张脸占的比例越大越可爱；④下巴越平缓越可爱。**

以上是我们通过骨骼的结构分析出的绘制可爱人物脸部的秘诀。在实际的表现中，为了使角色更加可爱，我们往往采用夸张和简化的手法。如在绘制 Q 版人物时往往会把眼睛变大，鼻子简化或省略，嘴巴也进行简化。

这是 BJD 娃娃儿童版的头部，为了使产品更加可爱，它扩大了眼睛的比例，缩小了嘴巴的比例，保持了小脸肉乎乎的感觉。

儿童版 BJD 娃娃的头部

第二节 Q版人物头部设计的加法与减法

关于Q版人物的脸部处理方式，要做“加法”和“减法”。

眼睛是心灵之窗，是我们首要关注的部分，Q版角色设计要对眼睛做“加法”。眼睛的“加法”为：形状加大、细节加多、高光加强。

Q版角色设计要对眼睛做“加法”

双眉虽然不能独立地表达面部表情，但是和大大的眼睛搭配后的情感表达作用不能小看。

嘴巴在Q版人物设计中是掌控表情变化的重要元素，在设计时要做“减法”，可以用简单的线条形式来表现，重在传达情感。

出自日本漫画《黑塔利亚》

耳朵虽然在重要性方面不如前二者，但它是画家风格的个性化展示。鼻子是Q版形象运用“减法”的重点对象，在Q版角色设计中可有可无。Q版角色的面部除了五官之外还会用一些极具特征的漫画符号来丰富角色的表情变化，比如人物脸上的短横线代表 Q 版角色“面颊的红晕”。

第三节　Q 版人物的脸型

一、包子脸型

包子脸型是 Q 版形象中最常见的一种脸型。说到包子脸，先让我们来看几个包子解解馋。看到这些包子，我们发现包子的下半部分由平滑又圆润的曲线构成，与包子脸的脸型相近。

包子的外形轮廓

我们来画一个包子脸型，再给这个包子脸型加上头发。

先画一个圆，再画十字中线，根据十字中线扩展出包子脸型。包子脸型需要平滑过渡，不能出现尖锐的转折。擦除辅助线，包子脸出炉，加上头发后的效果如下图。

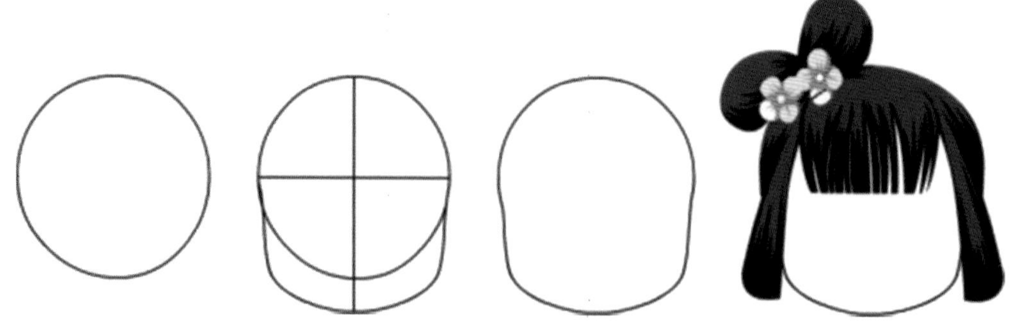

包子脸绘制步骤

包子脸的线条圆润，嘴角处给人饱满、肉乎乎的感觉，下巴的线条接近平直线，平缓过渡到弧线。

再来看一下，小宝宝的脸蛋几乎都是包子脸，嘴角两边肉鼓鼓的，下巴平缓圆润。在绘制包子脸的时候，也可以把小下巴画出来。如下图：

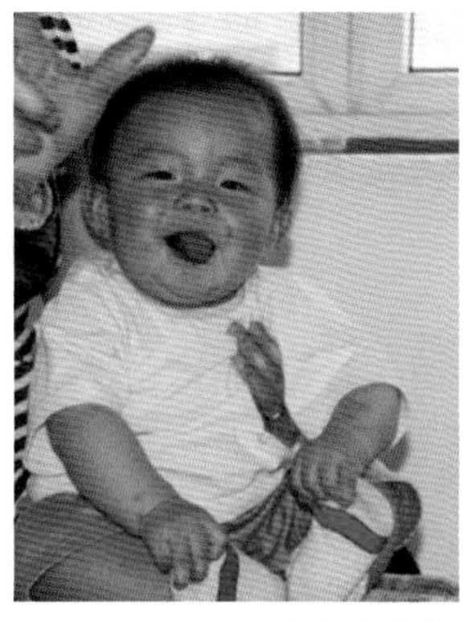

小宝宝的包子脸

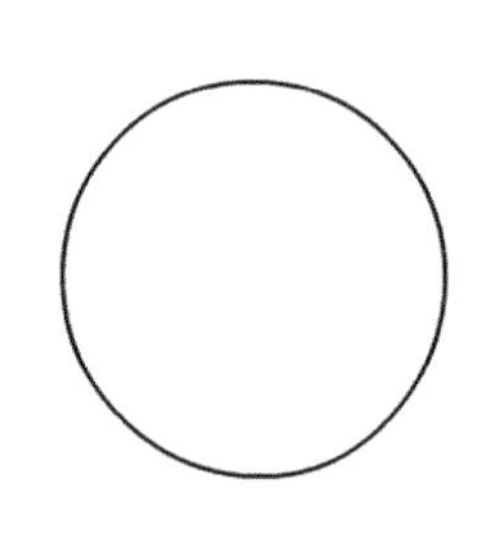
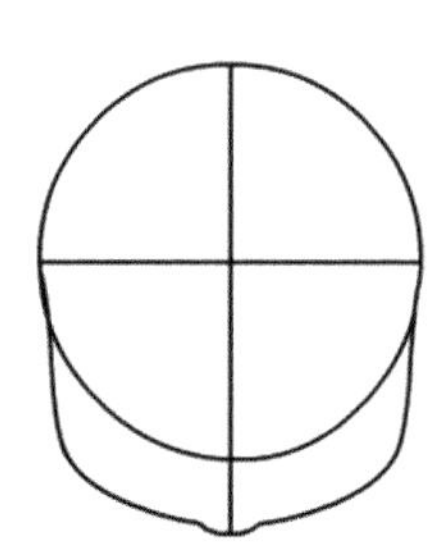
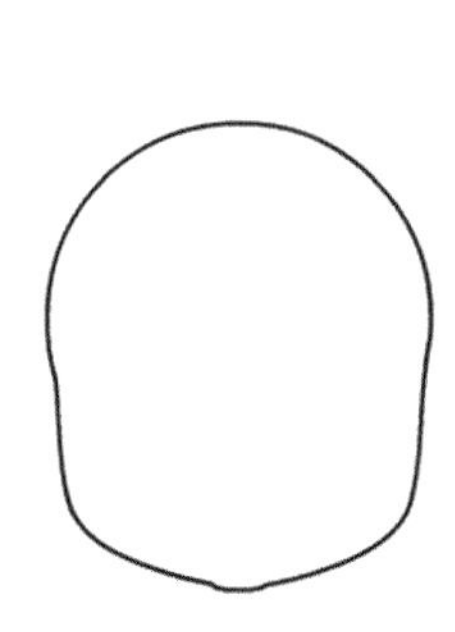

有小下巴的包子脸绘制步骤

二、不同的包子脸型绘制

根据脸型的不同可以绘制相应的包子脸型，如长脸、扁脸、方脸、瓜子脸等。

（一）长脸的绘制

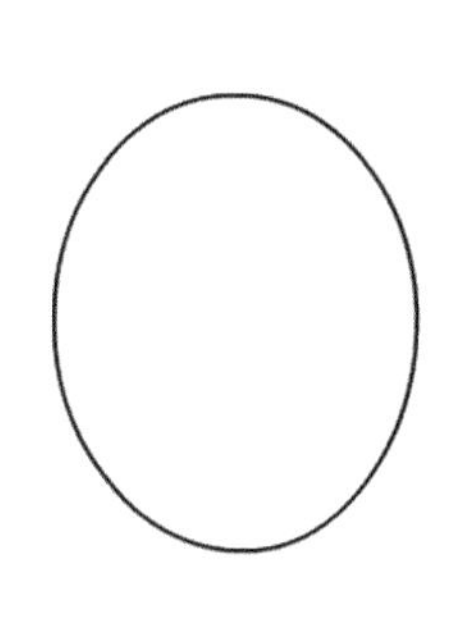
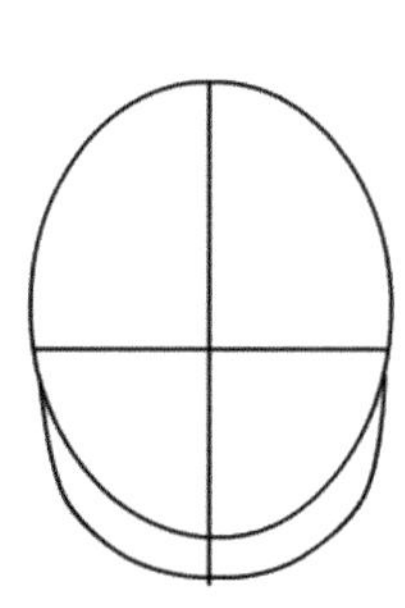
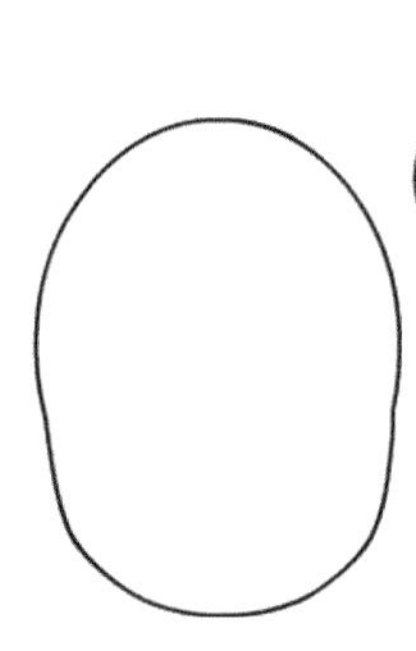

长脸型绘制步骤

先画一个椭圆（圆形纵向拉长），再画十字中线，沿着十字中线扩展出包子脸型，包子脸型需要平滑过渡，不能出现尖锐的转折。擦除辅助线，加上五官后的效果如下图。

（二）扁脸的绘制

先画一个椭圆（圆形横向拉长），再画十字中线，沿着十字中线扩展出包子脸型，包子脸型需要平滑过渡，不能出现尖锐的转折。擦除辅助线，加上五官后的效果如下图。

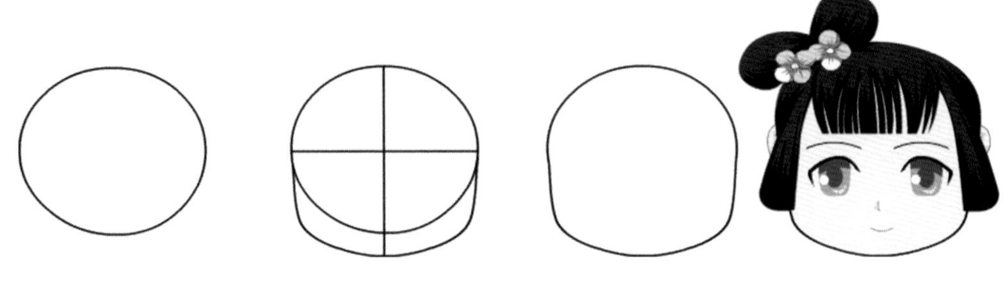

扁脸型绘制步骤

（三）方脸的绘制

先画一个正圆，再画十字中线，绘制下巴。绘制下巴时注意整个头部的宽度基本相同，轮廓感非常明显，下巴近似一条直线。擦除辅助线，加上五官后的效果如下图。

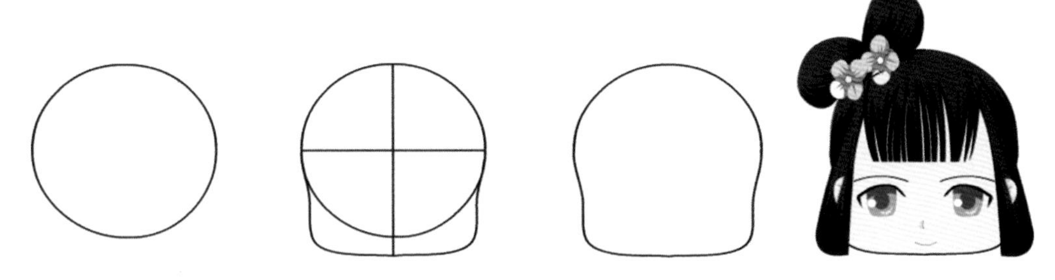

方脸型绘制步骤

（四）瓜子脸的表现

先画一个正圆，再画十字中线，绘制下巴。瓜子脸下巴是在一个平缓钝角的基础上再适当增加圆润感。擦除辅助线，加上五官后的效果如下图。

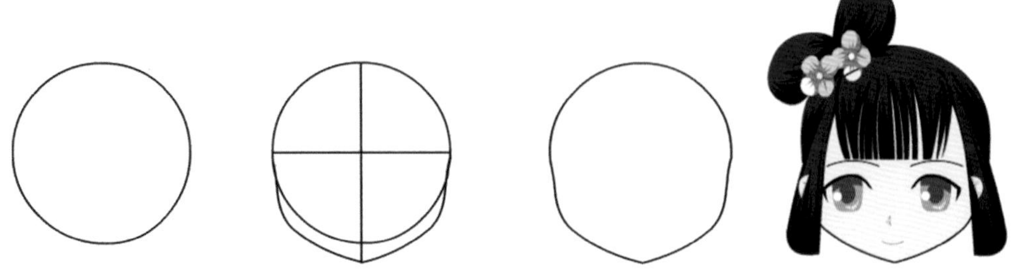

瓜子脸型绘制步骤

※ **动动脑　动动手**

（1）观察自己的脸型，绘制出相应的包子脸型。

（2）绘制爸爸妈妈的包子脸型。

第四节　Q 版人物的五官

眼睛是心灵的窗户，是传达情感的关键元素，含情脉脉、眉开眼笑等成语就是形容用眼睛来表达情绪。Q 版人物的眼睛在脸部占有较大面积，我们在欣赏人物时视觉焦点就在眼睛。眼睛画好了，人物就成功了一半。来吧，我们一起来学习绘制这关键的眼睛。

一、眼睛里的东西

知己知彼，百战不殆。学学孙子的办法，一定可以把最重要的眼睛绘制方法拿下。那么我们来彻底了解眼睛的构造吧！

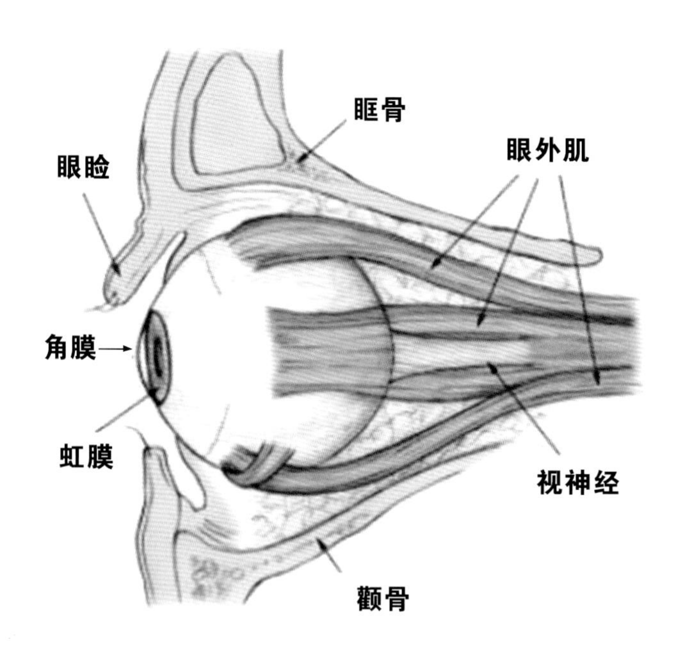

眼睛的内部结构

看了上图，大家是不是感到很惊讶，原来眼球有这么大！它真的是一个球形，由眼外肌控制运动，由眼睑包裹，眼仁中有角膜和虹膜。我们平时看到的眼睛部分连整个构造的三分之一都没有到。

我们看到的眼睛的运动，其实是眼球的运动。眼球的运动如下图：

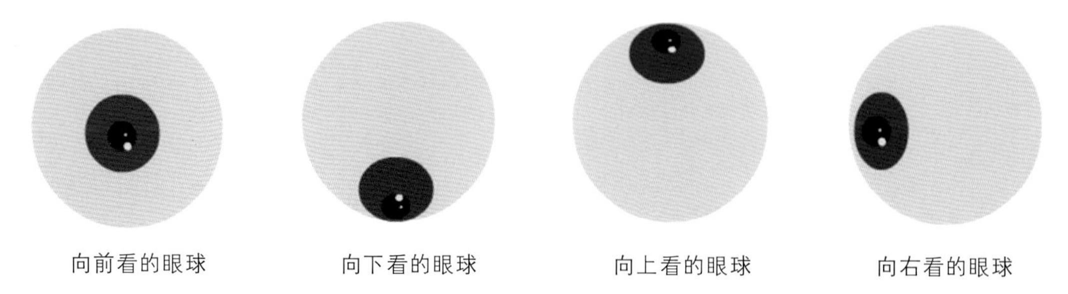

向前看的眼球　向下看的眼球　向上看的眼球　向右看的眼球

下面了解一下我们平时看到的眼睛的效果。

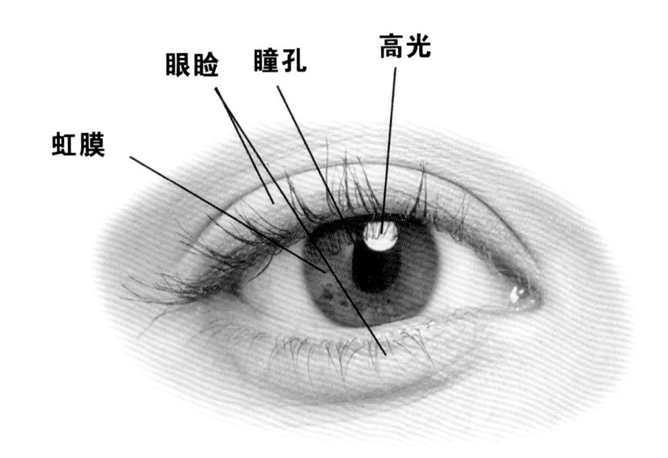

眼睛的外部结构

二、 找一找你是属于哪种眼型

眼型有很多种，我们常提到的有以下几种，找一找，看能不能找到与自己的眼睛相对应的眼型。

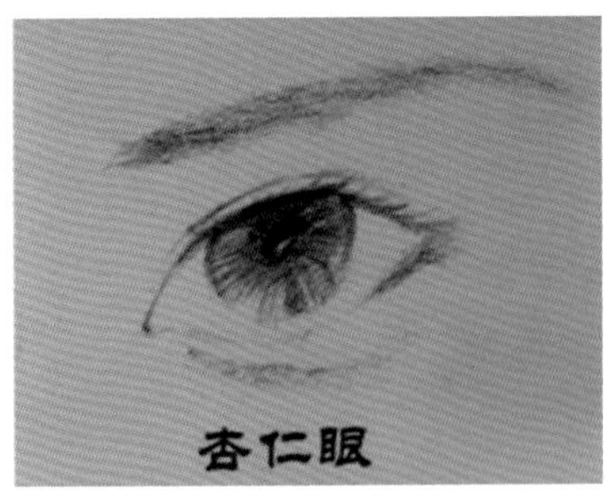

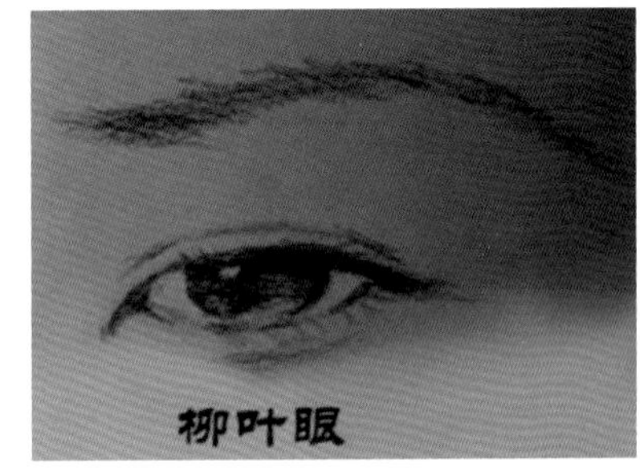

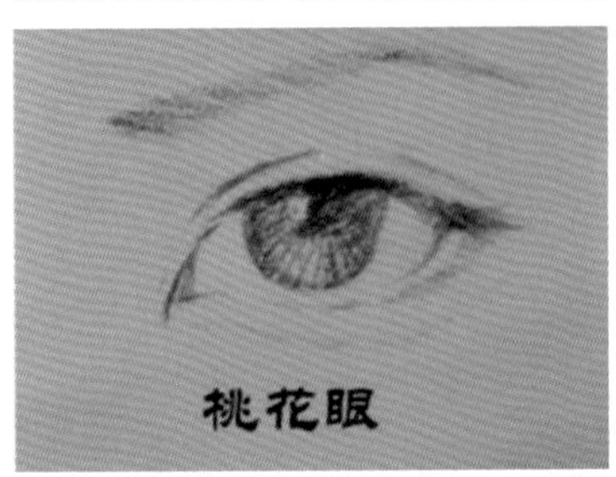

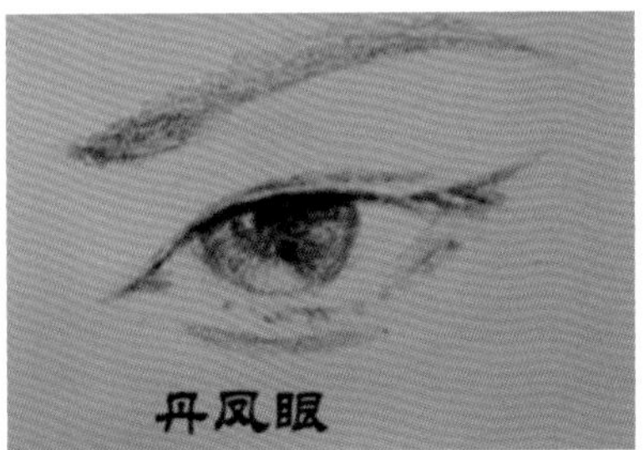

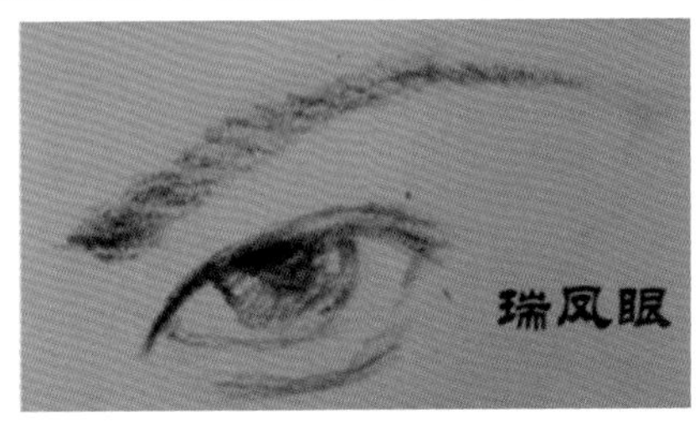

各种眼型

我们的眼睛并不仅仅局限于这 5 种眼型，每个人的眼睛都各有各的特点，大家仔细观察下面的眼睛有什么不同。

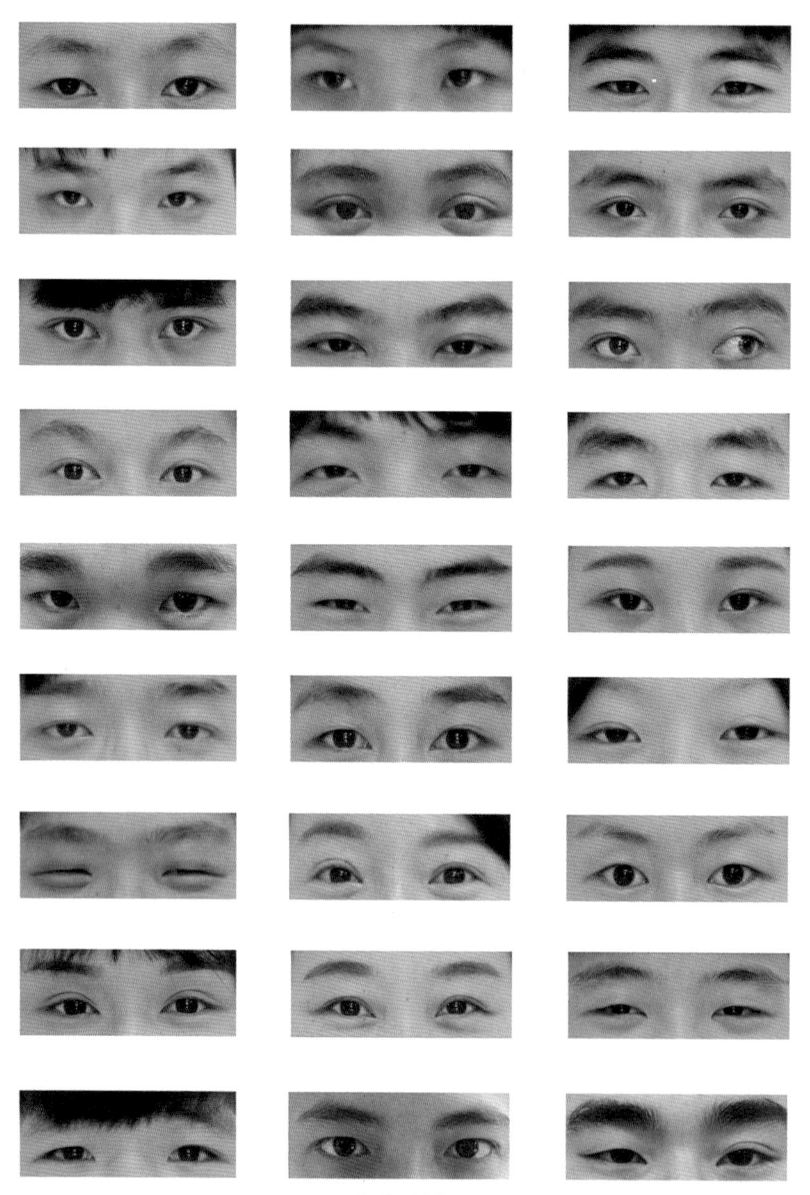

各种眼型

从上图各种眼睛中你会发现每双眼睛都是与众不同的，眼型不同、眼皮单双不同、眼皮的宽窄深浅不同、眼窝不同等。

※ 动动脑　动动手

（1）请拿出镜子看看自己的眼睛，找找自己眼睛的与众不同之处，并把你的眼睛用简单的线条画出来。

三、如何让眼睛更Q

我们来仔细分析一下儿童版BJD娃娃的眼睛和成人版BJD娃娃的眼睛有什么不同。根据下图我们一眼就能看出哪双眼睛属于儿童，哪双眼睛属于成人，因为儿童的眼睛看起来特别可爱。

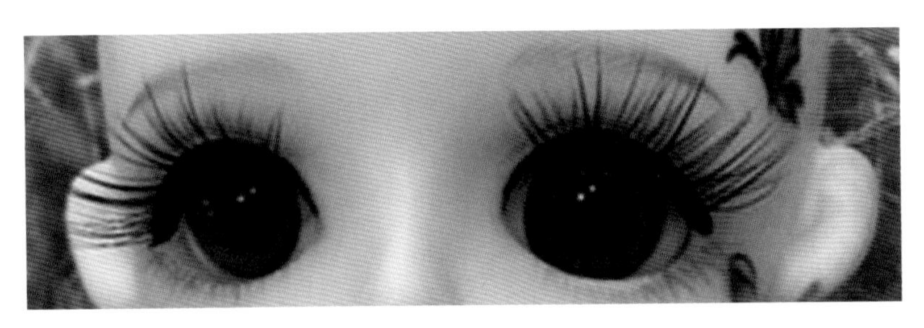

儿童版BJD娃娃

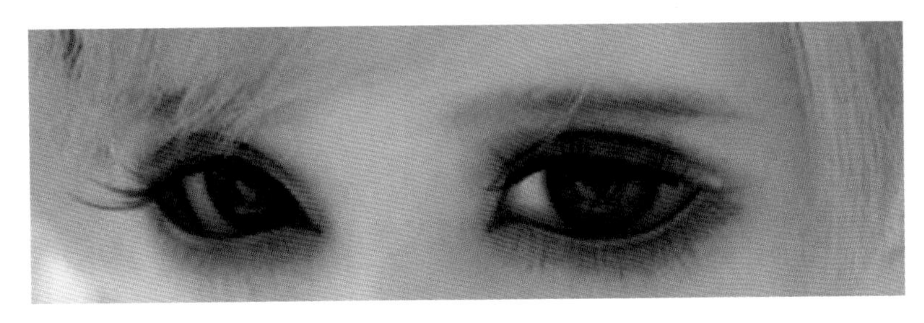

成人版BJD娃娃

儿童版BJD娃娃的眼睛到底可爱在哪里呢？

儿童版的眼睛特别圆，还进行了夸张变大，几乎占到了整张脸二分之一的位置。眼珠几乎占了整个眼睛的位置，眼白的位置较少，长长的睫毛更为眼睛增添了几分童真。

Q版眼睛设计时可参考以下眼睛图片。把眼睛夸张变大，尽量让眼睛圆一些，同时增大眼珠的占比，增强高光表现，再根据年龄加上相应的眼睫毛。

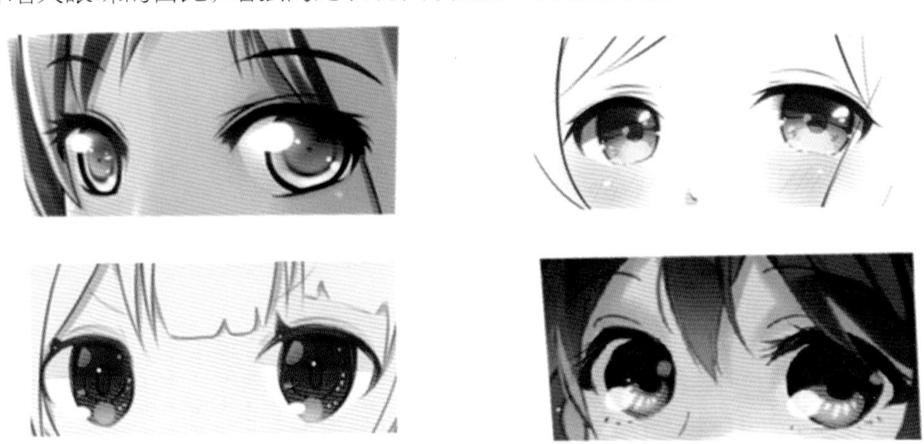

Q版眼睛设计图片

四、Q 版眼睛的画法

Q 版眼睛的眼型也有很多种,根据眼睛形状的不同,主要分为圆眼、方眼、长眼。

(一)圆眼

圆眼是 Q 版形象里最常用的眼睛,女性、儿童、较为和善的男性形象常常会用到不同形状的圆眼。具体绘制步骤如下:

第一步:根据眼睛特点,绘制眼睛基本外形

第二步:绘制眼皮及眼珠位置

第三步:简单的明暗效果

第四步:给眼睛上色

第五步:加强明暗效果,并加上高光

(二)方眼

在 Q 版形象设计中,方眼用在男性形象里较多见,有时也用在较个性的女性形象中。具体绘制步骤如下:

第一步：根据眼睛特点，绘制眼睛基本外形

第二步：绘制眼皮及眼珠位置

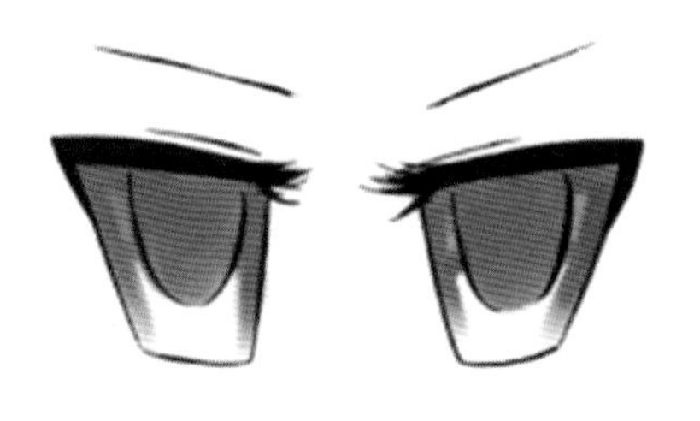

第三步：简单的明暗效果

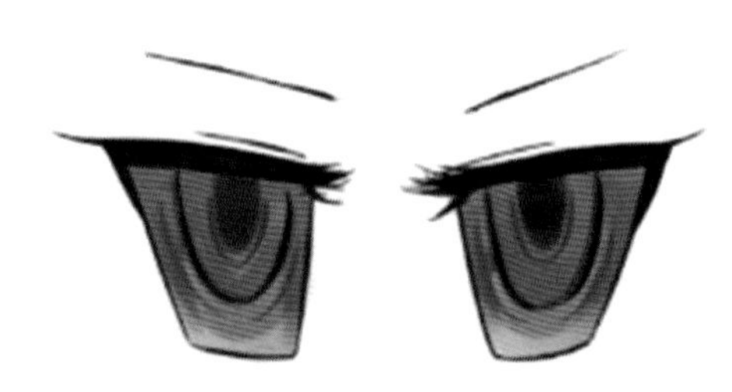

第四步：给眼睛上色

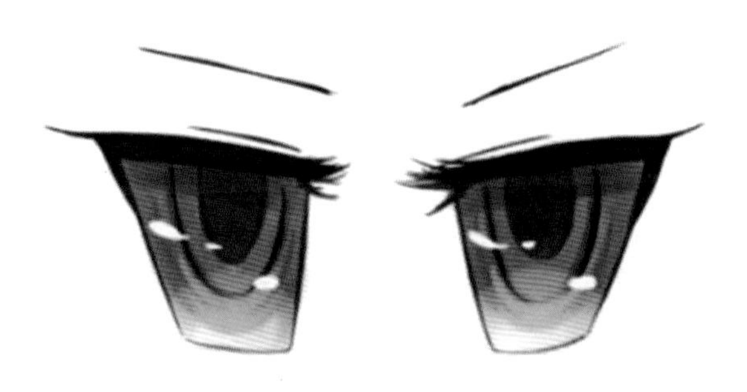

第五步：加强明暗效果，并加上高光

（三）长眼

这类眼睛一般用在较冷酷的角色或反面角色中。具体绘制步骤如下：

第一步：绘制眼睛基本外形

第二步：绘制眼皮及眼珠位置

第三步：简单的明暗效果

第四步：给眼睛上色

第五步：加强明暗效果，并加上高光

（四）高光的作用

无高光的眼睛，给人一种死气沉沉的感觉，也被称为“死鱼眼”

有少量高光的眼睛一般用在年龄相对较大的角色里，或者用在无精打采的表情中

强烈的高光一般用在儿童、少年、少女等角色中，或欣喜、激动的表情中

（五）瞳孔的作用

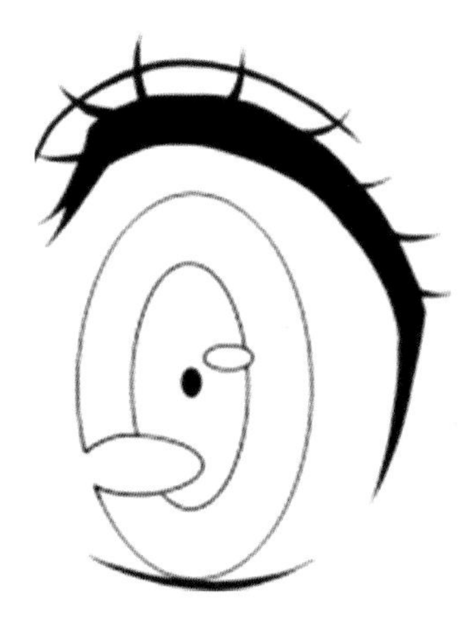

惊奇、发呆或病态的瞳孔只有小小一个黑点

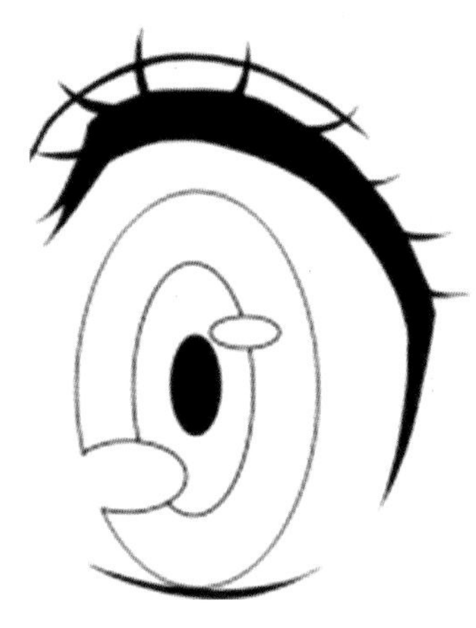

正常情况下的瞳孔有较明显的椭圆形

表示年轻、清纯、童真时的瞳孔有较大的椭圆形

五、眉毛的形状

照照镜子，动动你的眉毛，看一下你的眉毛是什么形状。你的眉毛是不是和下图的眉毛不一样？可能粗一点，可能短一点。

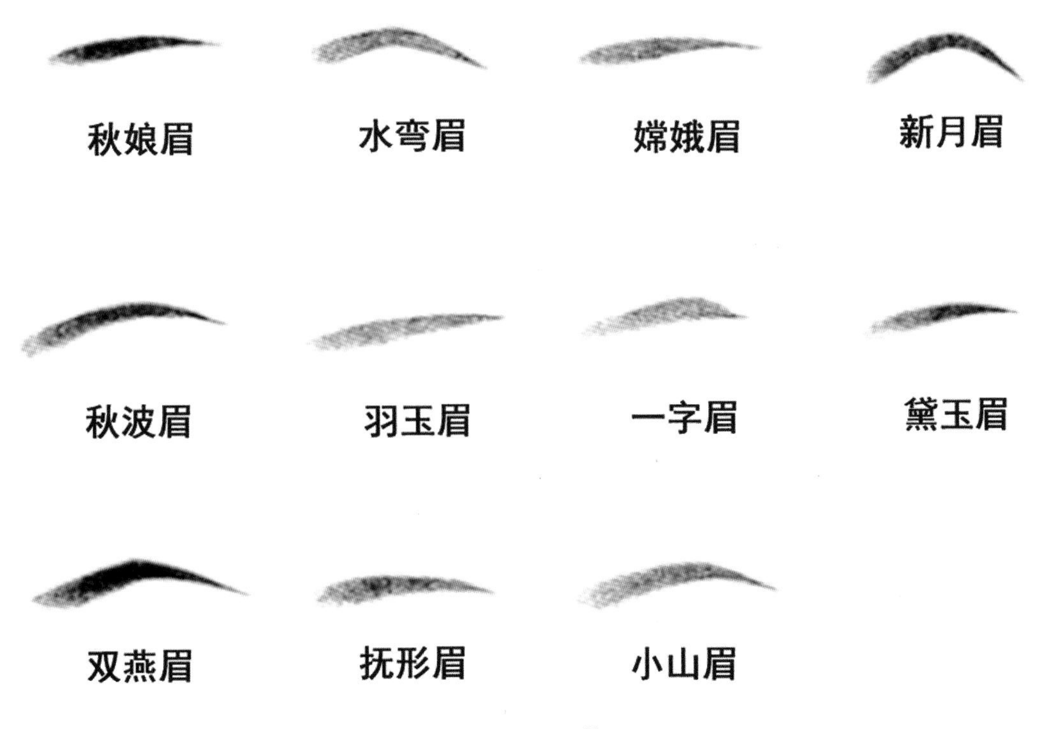

各种眉毛形状

下面的眉毛哪个是画正确的：

下面公布答案：

错
没有关联的眉毛

对
合适的眉毛

错
漂浮的眉毛

为什么第二个是正确的，先看看眉毛的构造吧！

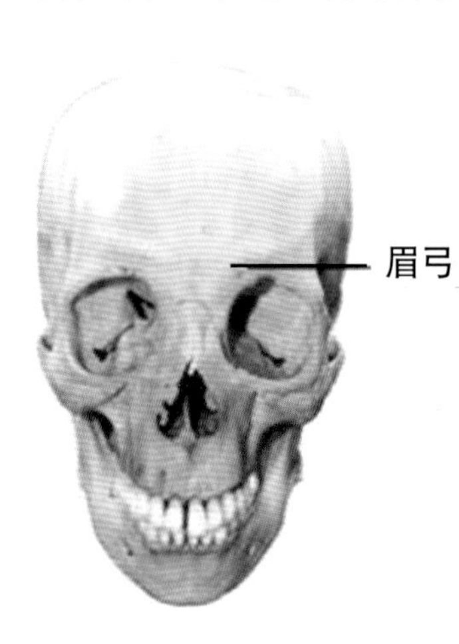

眉毛的构造

眉毛是长在眉弓上的，它的运动始终和眼睛保持着联系。建立眼睛和眉毛之间的联系是非常重要的。例如：如果眉毛离眼睛太远了，眉毛和眼睛将失去联系，它们也不能协同工作。它们之间联系感的缺失将会削弱表情的传神度，同时也让眉毛感觉像浮在脸上一样，而不是与下面的眼睛、肌肉及整个脸部联系在一起。

上图第一张图中的眉毛已经画到了额头上，与眼睛失去了联系（只有在惊讶等特殊表情下可以用这类距离的眉毛），第三张图的眉毛没有与眼睛下面的肌肉联系在一起。

六、各种可爱眼睛

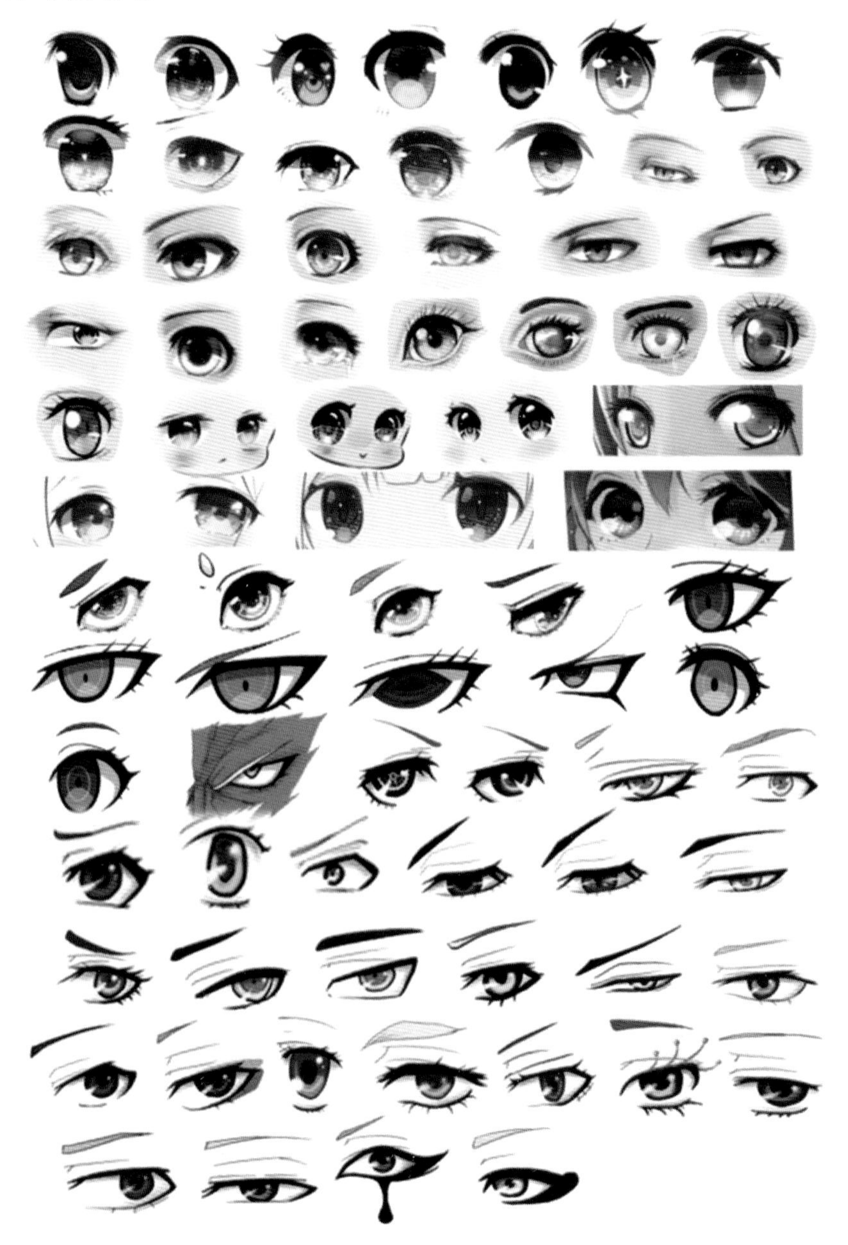

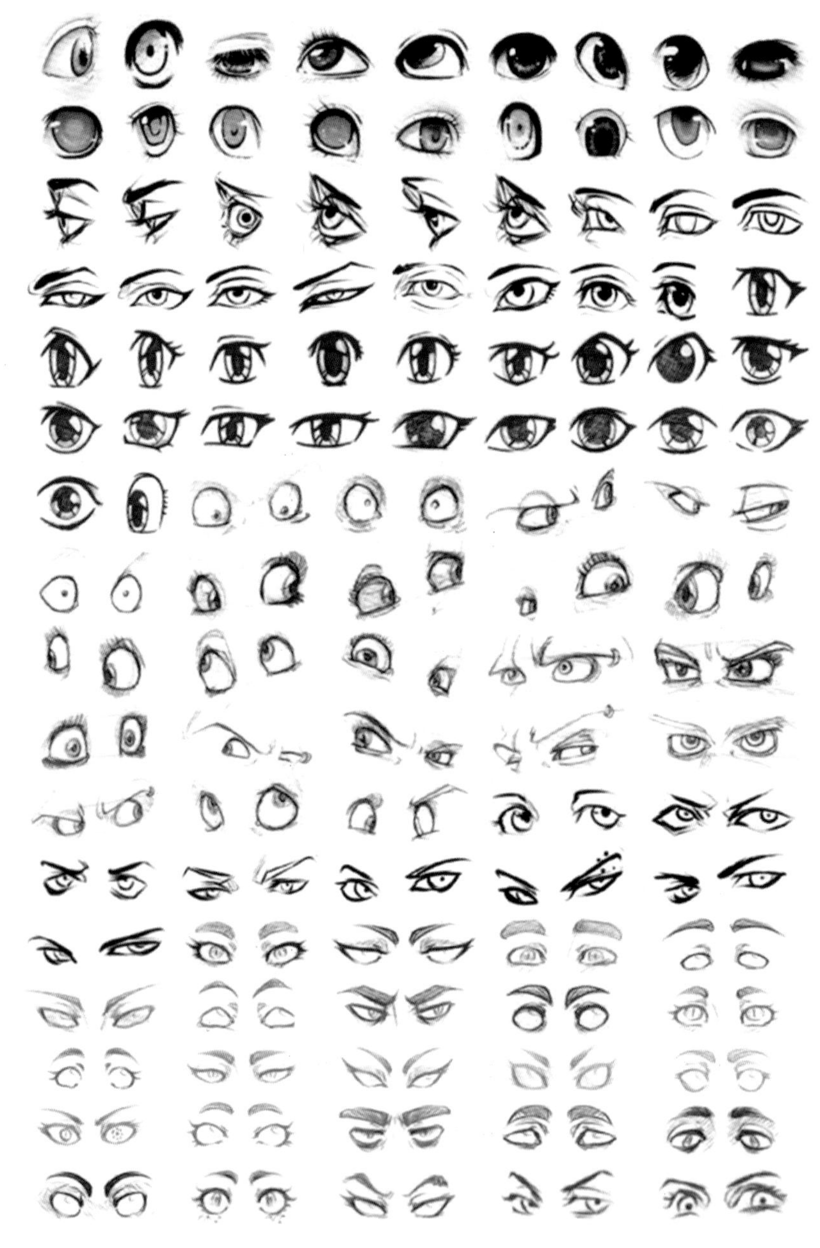

各种动漫眼睛

※ 动动脑 动动手

（1）将你自己的眉毛形状画到纸上。注意：眉头淡一点，眉峰深一点，眉尾要清晰。

（2）从上面图中选择两种眼睛进行临摹。

（3）为自己设计一只 Q 版眼睛。

七、嘴巴的绘制

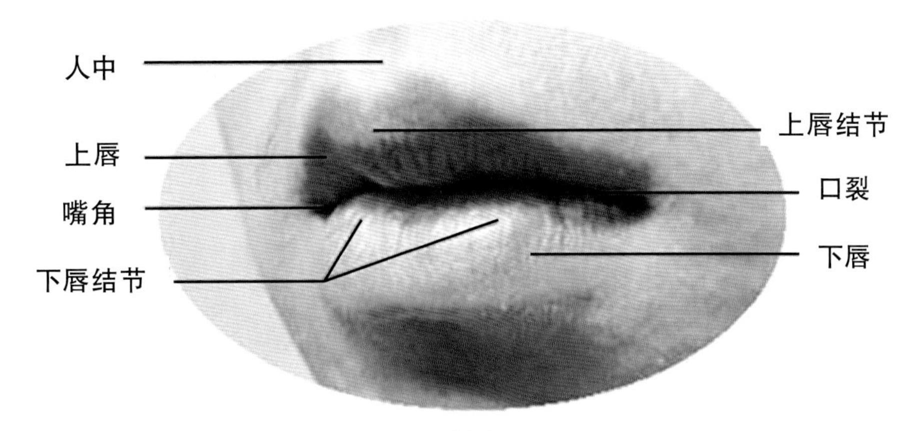

嘴巴的构造

嘴巴在Q版角色中不需要做太多的修饰，但是它起着非常重要的作用。它可以帮助阐释人物的感情。看下面这些图，你能分辨出人物的表情吗？

好像可以，但又不确定。请大家动手试试给上图加上嘴巴，看看他们究竟传递了什么情绪。

是画成这样了吗？

其实还可以画成这样，甚至还能表达更多不同的情绪。

从上面的图中我们可以很清楚地知道：不同的嘴型可以阐释更加微妙和富于变化的情绪。

不同的嘴型

Q 版形象的嘴型较为简单，主要的目的是通过嘴型把角色的内在情绪表达出来。

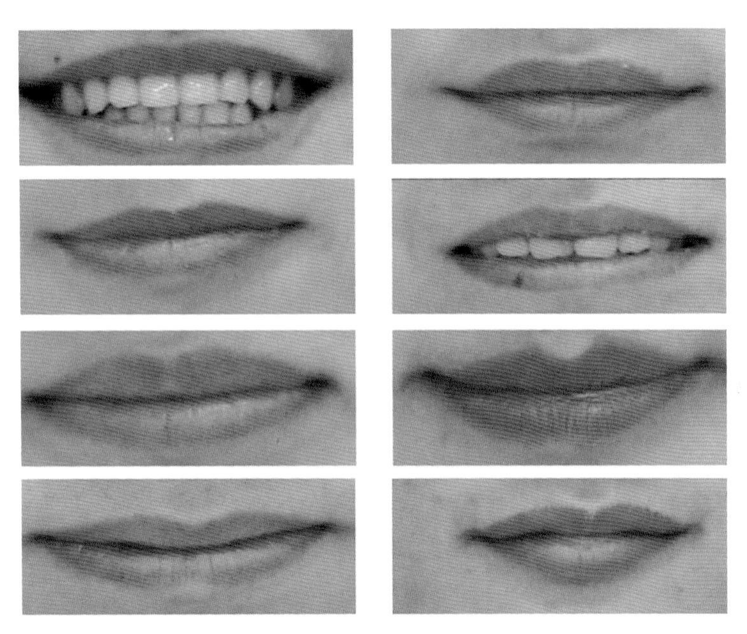

各种不同嘴型的参考资料

※ **动动脑　动动手**

(1) 画出5种不同的Q版嘴型。

八、鼻子的绘制

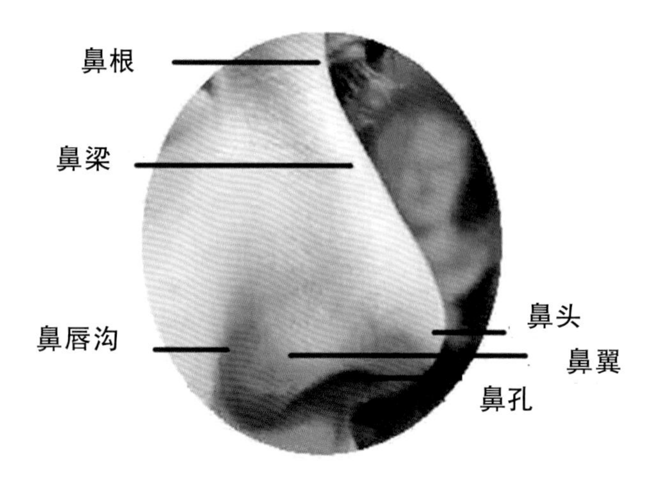

鼻子基本结构图

鼻子在 Q 版形象的绘制中是可有可无的。在不需要的时候可以省略，或者仅用简单的点表示。在个别的表情中，鼻子只是作为一个强调元素而存在。

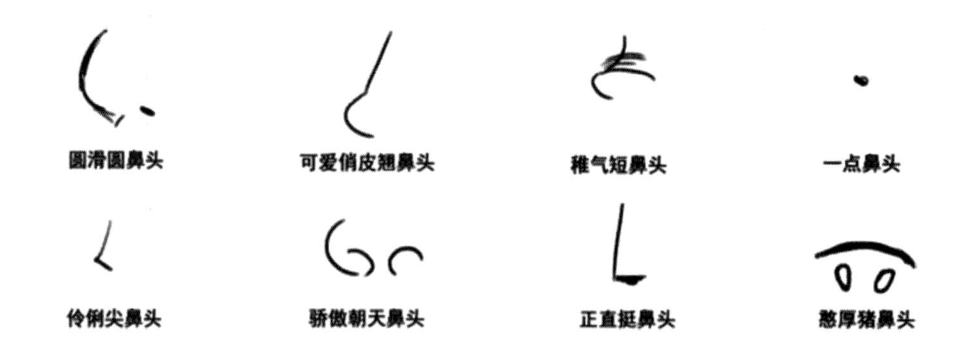

不同类型的鼻子画法

※ **动动脑　动动手**

（1）寻找同学鼻子的特点，绘制 3 种不同的鼻子。

九、耳朵的表现

在绘制Q版形象时耳朵常常会被忽略，但在没有头发或帽子等遮盖物的情况下，耳朵是必不可少的五官之一。耳朵的画法有很多种，最常见的有6字形和F形。

常见的Q版耳朵

还有很多形状的Q版耳朵，如S、C、D、X等，大家可以上网找找。

※动动脑　动动手

（1）上网寻找资料，绘制3种不同的耳朵。

十、头发的绘制

（一）发型

发型是影响人物气质的一个决定性因素，需要根据人物性格选择适合的发型。刚开始学习绘制发型会有些难度，我们可以经过大量练习记住一些发型。在设计自己的发型时可上网搜索各类发型，寻找与自己相似的发型，分析它们的画法。

1. 长发

各类不同长发

绘制长发时，先要确定发型，是直发还是卷发，是辫子还是盘发，是飘逸的还是垂落的；再绘制基本形状，确定明暗关系等。

2. 中发

绘制的时候根据头发生长方向分成几块大的块面（后面有讲解），大的块面绘制时再分出一缕缕小头发分别绘制，小头发的组合不能大小和方向都相同，需要有“大小大”的变化，如下图刘海。

各类不同中发

3. 短发

短发的绘制更需要注意小块头发组合时“大小大”的变化，使头发更自然。短发一般没有其他装饰，主要集中在头发绘制上，明暗的表现和高光的处理尤为重要。

各类不同短发

（二）头发的结构和生长方向

个人的审美习惯不同，发型会有不同的分配方式，头发也会逐渐按照分配的方向生长。

头发的生长从一个中心点出发，我们在绘制角色头发的时候也要遵循从某个中心点出发的原则。

头发的生长从中心点出发

绘制头发时中心点作为起始位置，向外扩展。

头发绘制从中心点向外扩展

头发的绘制还可从中线出发，如女性的头发有较多的类型，在绘制头发时根据发型确定中线，从中线出发向头发的生长方向绘制，顺着生长方向按块面绘制头发。

头发绘制从中线出发

（三）发饰

在绘制头发时不仅要掌握头发的生长方向及绘制方法，还需要加上一些配饰来突显角色的性格特征，增添角色的可爱度。

各种不同发饰

※ 动动脑　动动手

（1）临摹两种不同的发型。

（2）上网搜索与自己相近的发型作为参考资料，绘制自己的 Q 版发型。

第五节　Q版人物头部绘制基准图

终于把Q版人物头部Q的奥秘传授给了大家，下面我们来动手画一画吧。根据认识事物的惯用方式不同，本书准备了两套绘制方法供大家学习。

一、常规绘制方法

感性读者看过来：

先画一个圆，然后从中间画上十字线，然后沿着下半脸的位置画上包子脸的下巴，这样人物的脸型就确定了。然后在十字线横线的中间画眼睛，眼睛所占的面积要大，两个眼睛的间距要大，眼睛往两侧靠。鼻子在十字线的竖线上，在两个眼睛的中间，也可省略。嘴巴在鼻子的下方，和眼睛边缘形成钝角三角形，用简单的线条表示。最后为角色画头发，画头发时应注意头发不是一张纸片，它有一定的厚度及蓬松感，所以绘制时要将其置于高于脑袋的位置，给它增添一定的厚度。步骤讲解完了，赶紧动手，把这历史性的一刻记录在画纸上，这有可能是某位未来的绘画大师的初稿哦！

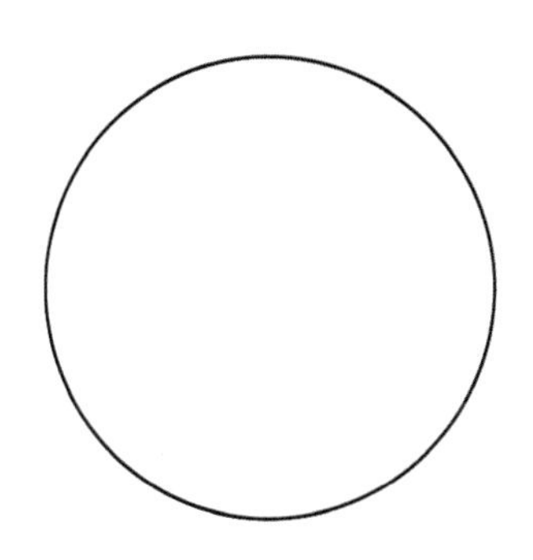

第一步：首先画一个圆

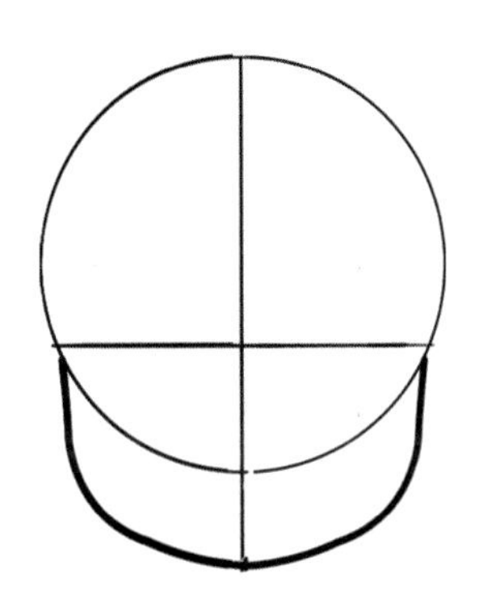

第二步：确定是正面、斜侧面还是侧面，画十字线的竖线和下巴线

第三步：根据辅助线确定眼睛、鼻子、嘴巴、耳朵的位置

第四步：具体绘制眼睛和头发的轮廓

第五步：去掉辅助线，画上细节

第六步：调整细节，清理画稿

第七步：完稿

※ 动动脑　动动手

（1）对照自己的照片，给自己绘制一个 Q 版头像。注意按照上面学的绘制步骤来哦！

二、大师的绘制方法

理性读者看过来：

这是日本漫画大师金田工房和角丸圆老师的Q版人物头部绘制方法，下面我们来具体看看这两位大师的方法。

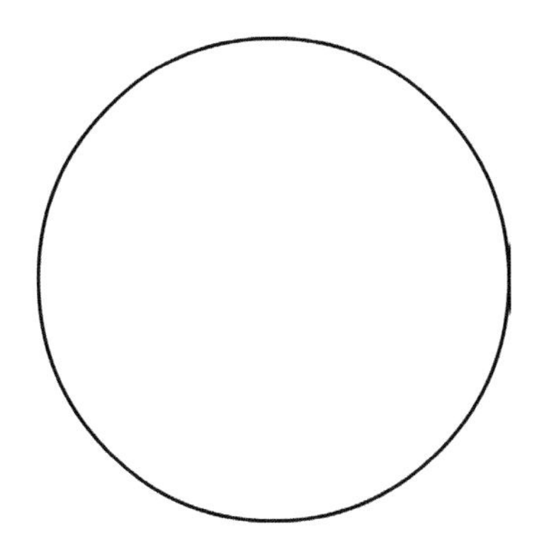

第一步：首先画一个圆

中央线

第二步：在圆的中央画一条横线，将其分成6等分

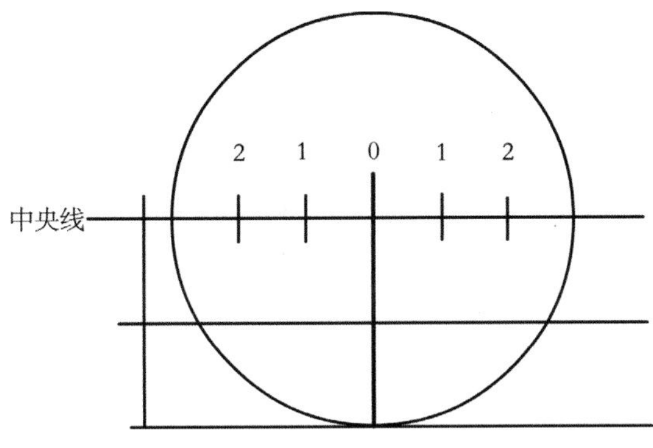

第三步：从圆心向下画一条垂直线，将下面的半圆分成上下两部分

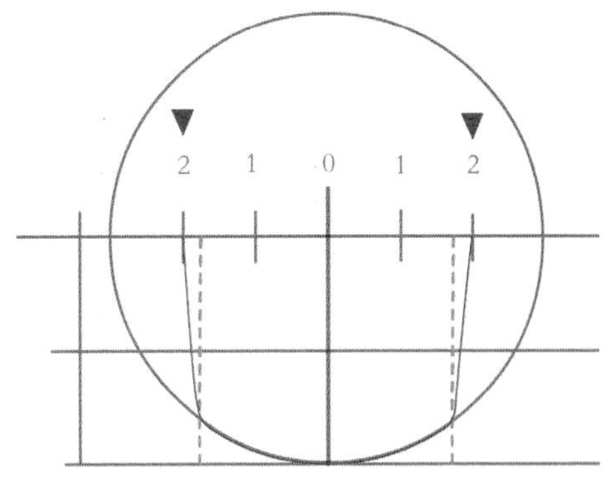

第四步：从中央线上的位置2开始，向底端画出轮廓线。可根据脸型的不同适当收缩或扩展

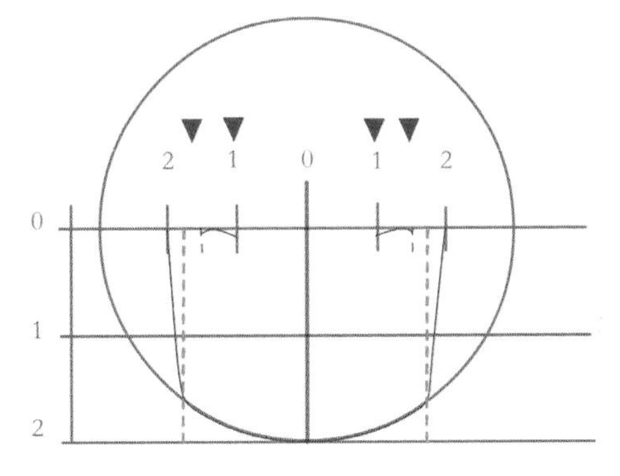

第五步：眉毛一般画在中央线上，可根据角色的表情自由地安排眉毛的位置

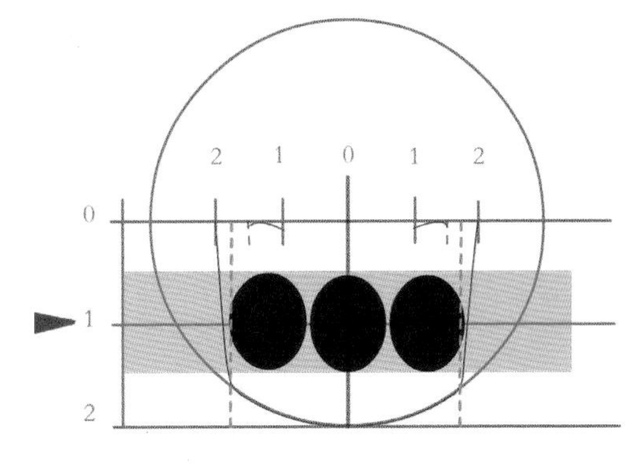

第六步：眼睛的中点处就在0—2的等分线中间，脸颊之间的宽度刚好是3个眼睛的距离

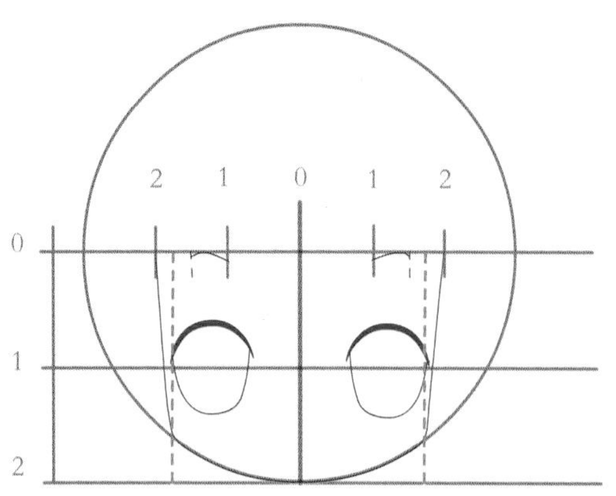

第七步：横线 1 通过眼睛的中间位置

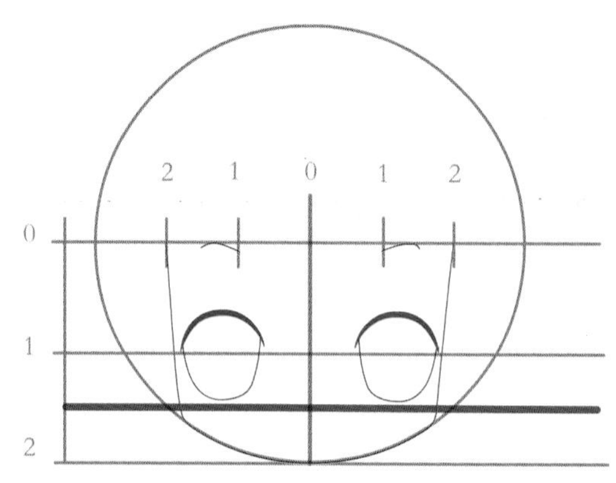

第八步：鼻子大概位于眼睛下面、横线 1 与横线二之间的等分线上（可画可不画）

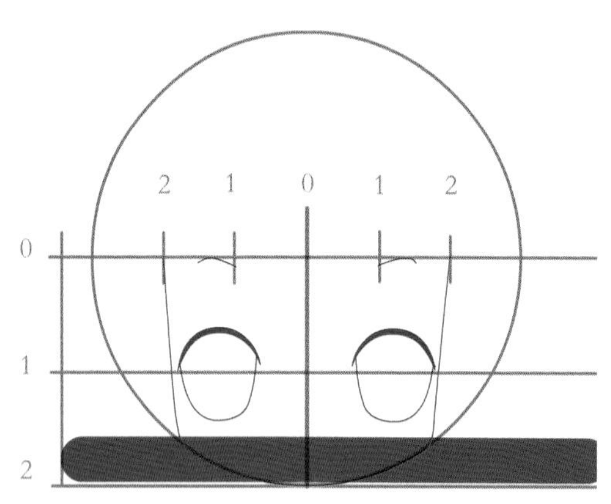

第九步：嘴巴在鼻子和下巴之间的某个位置

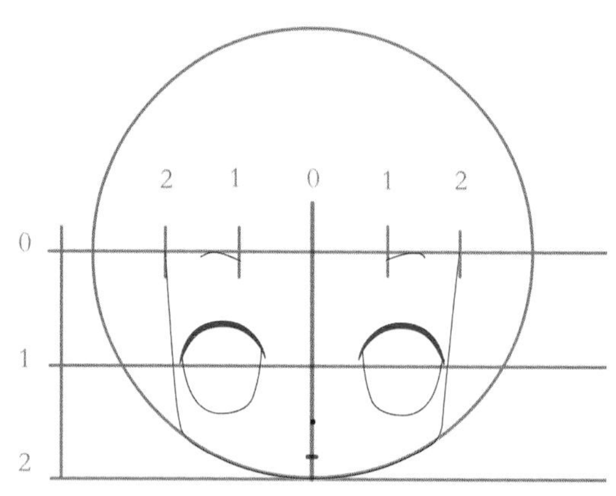

第十步：绘制好的嘴巴、鼻子

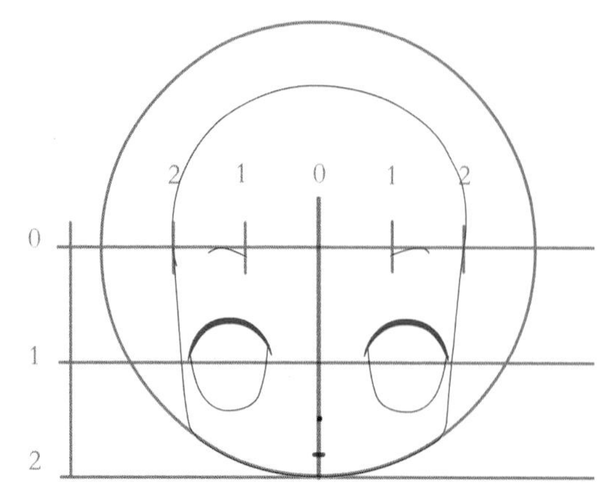

第十一步：绘制脑袋

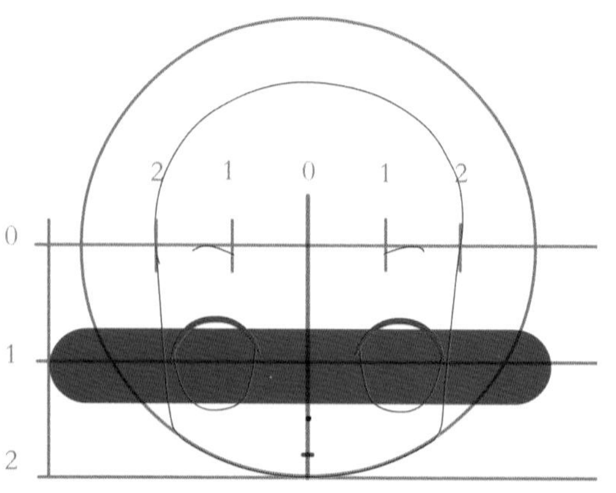

第十二步：耳朵在双眼的延长线上，确定耳朵的位置

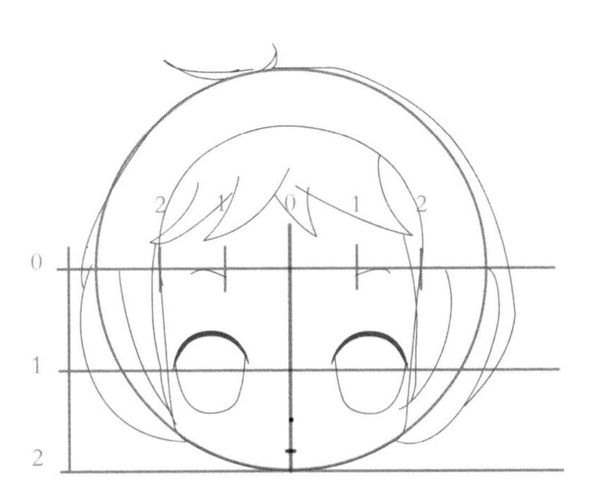

第十三步：根据基准图位置绘制头发

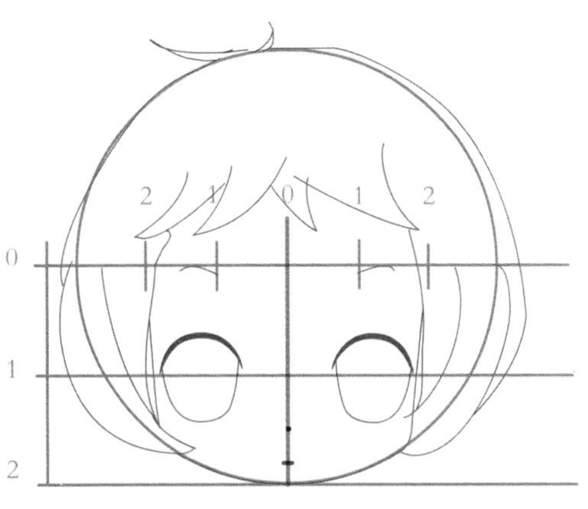

第十四步：去掉多余的线条，完成基本轮廓绘制

第十五步：基本轮廓完成稿

附：不同头身比的脸型绘制。

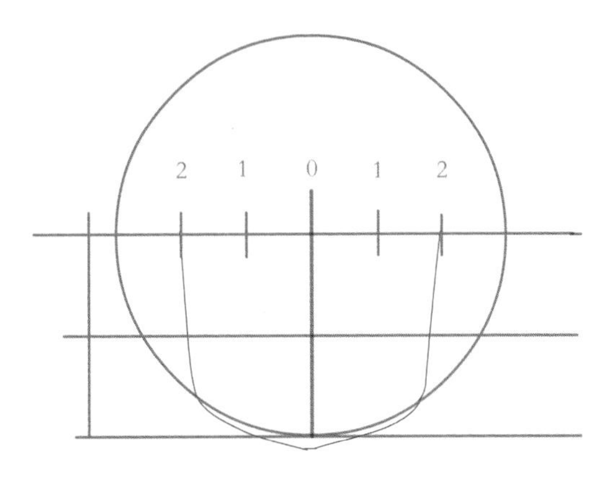

4头身的脸型

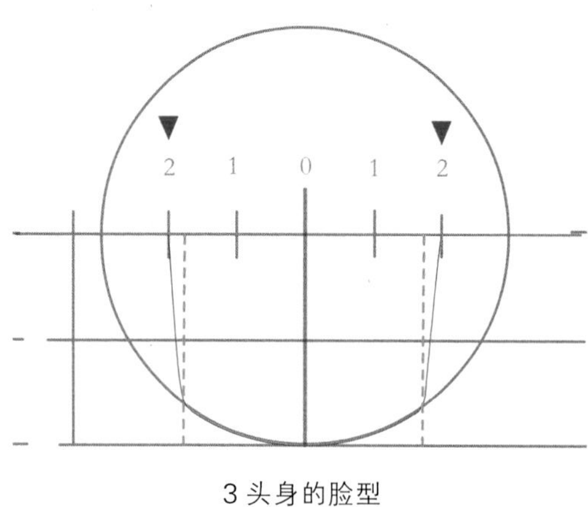

3 头身的脸型

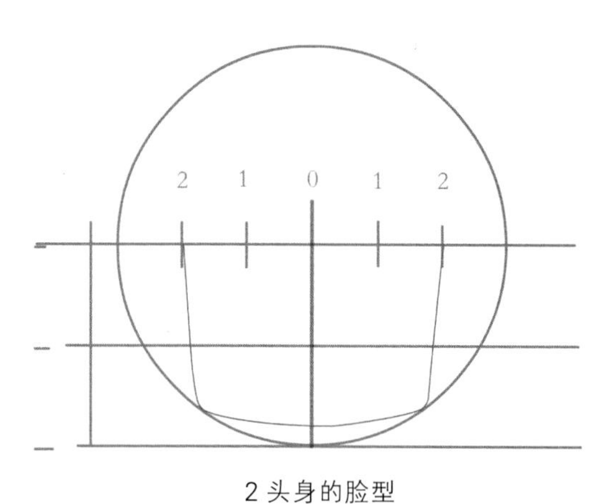

2 头身的脸型

这个方法绘制得比较精确，绘制效果较好。赶紧动手，把这历史性的一刻记录在画纸上，这有可能是某位未来绘画大师的杰作哦！

※ 动动脑　动动手

（1）对照自己的照片，给自己绘制一个 Q 版头像。注意按照上面学的绘制步骤来哦！

三、侧面脸型和斜侧面脸型的绘制

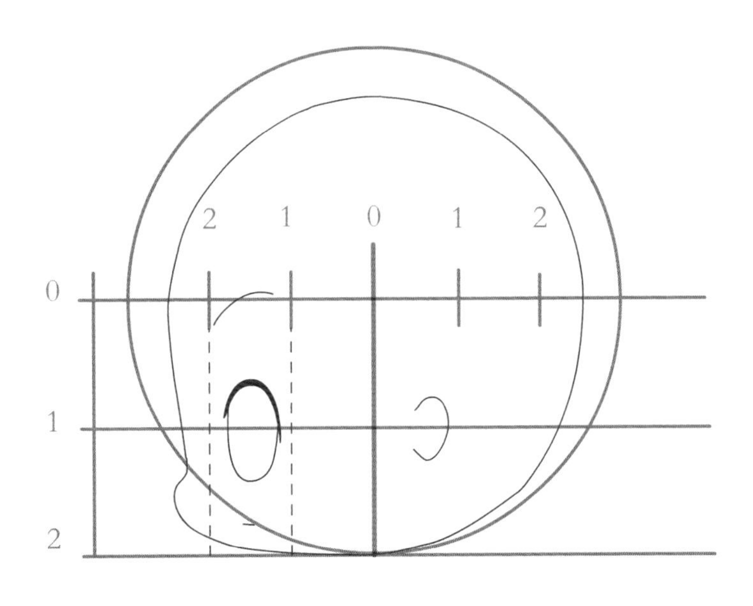

斜面的绘制

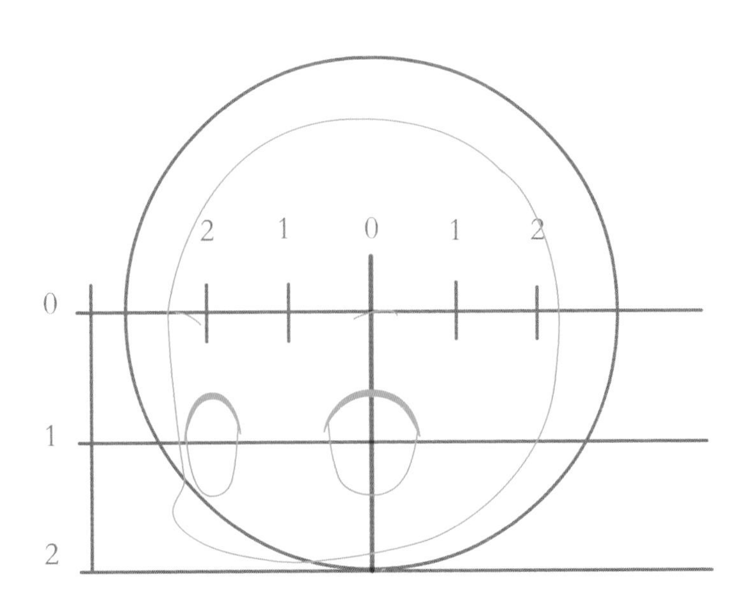

斜侧面的绘制

由于角度不同，侧面和斜侧面脸型有较大的变化，虽然都向侧的方向隆起，但侧面脸型隆起的幅度要比斜侧面脸型更大。

斜面和斜侧面的脸部对比

五官的位置向侧方移动。其中斜侧面的一只眼睛进行了压扁变形，侧面只看到一只眼睛，也进行了压扁变形。

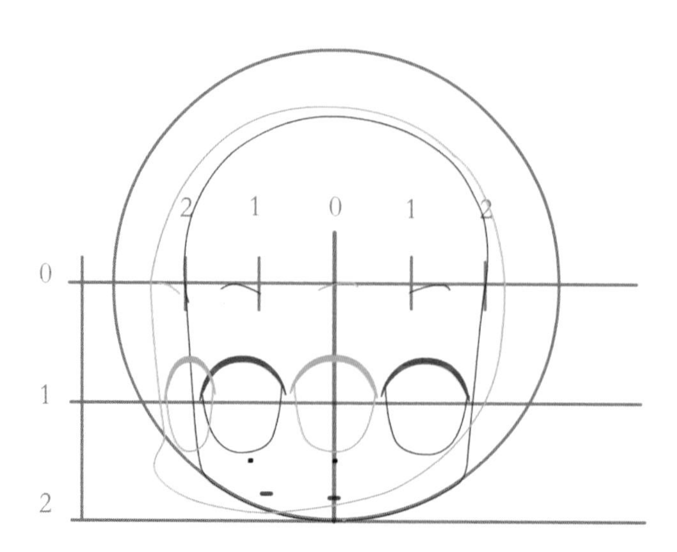

斜侧面与正面的头部形状对比

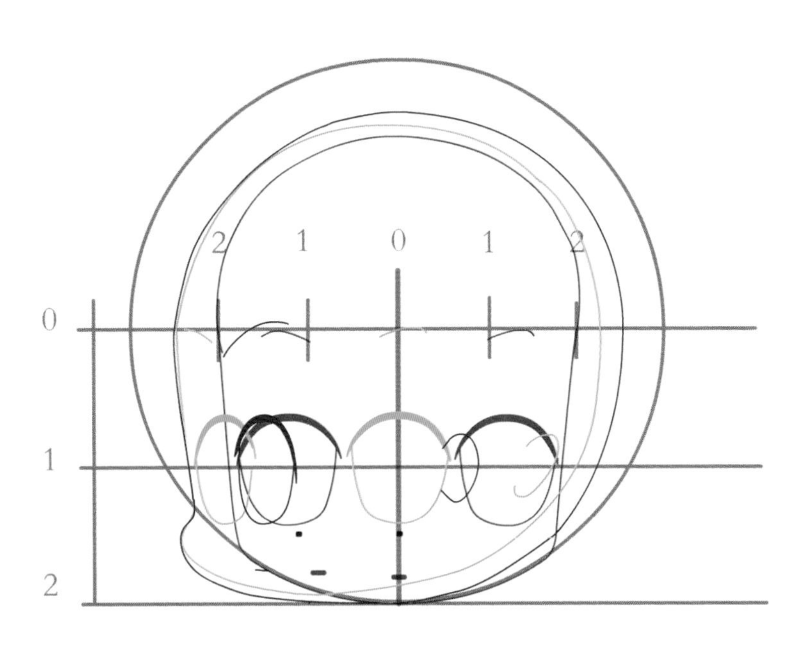

侧面、斜侧面和正面头部形状对比，参考日本漫画大师金田工房和角丸圆的头部绘制方法

※ **动动脑　动动手**

(1) 根据你已经绘制的正面Q版形象分别绘制侧面和斜侧面的形象。

设计小窍门

脸萌介绍

“脸萌”，通常是指“MYOTee 脸萌”的简称，是一款非常有趣的拼脸软件，可以轻松制作使用者的专属搞笑形象。它由“90 后”郭列一手创办，包含多种发型、脸型、五官、衣服、背景、文字气泡等素材，可以自由组合，制作专属于自己的卡通形象。

各款“脸萌”形象

在设计 Q 版形象时，如果找不准自己的五官形状，或不知道用何种形式表现，大家可以下载一个脸萌 APP，找到适合自己的脸型和五官，再用 Q 版形象设计的方法画出自己的头像。

第三章

与众不同的“我”

第一节　Q 版人物的变形特点

拉伸与压缩是人物造型中最常用的夸张手法，在一定写实造型的基础上，我们可以对角色造型的整体或局部进行适当的拉伸或压缩，使角色的形态产生不同程度的夸张变形，展现出独特的个性特点。

拉伸与压缩是两种相辅相成的手法，既可以分别应用又可以同时使用，在视觉上产生高与矮、粗与细、长与短、圆与扁的戏剧化对比效果。

在进行 Q 版形象设计时，压缩是常用的方法，可以把写实类的人物进行压缩，再进行适当的夸张。对头部进行夸张，收缩下巴，对身体躯干及四肢进行压缩，使整个人物呈现出胖乎乎的感觉，减少原本的曲线效果。

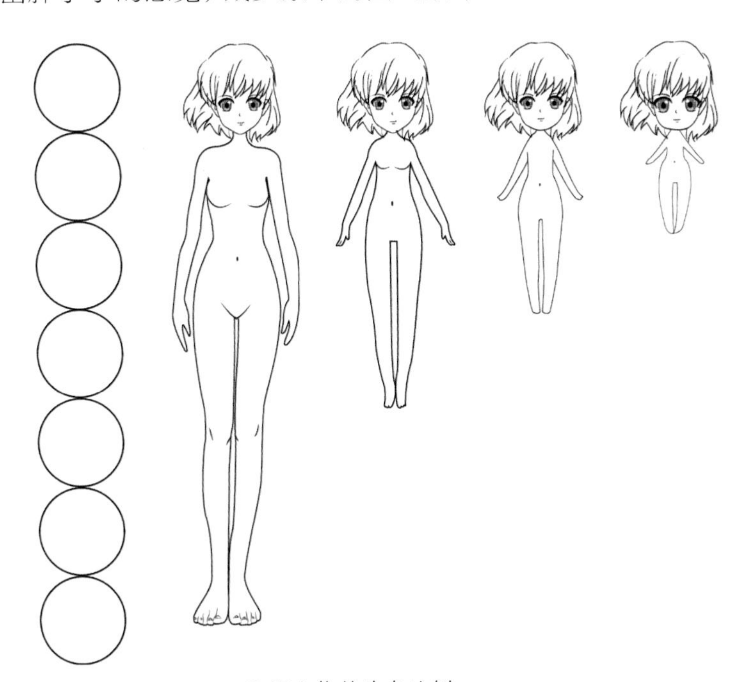

Q 版人物的头身比例

第二节　不同年龄段的 Q 版人物

人的头部形状虽然有各自的特点，但也有一定的共性。这个共性就是头部“三庭五眼”的结构关系和面部十字线。我们可以看到，面部十字线是由以鼻梁为中心的垂直中线和位于眉眼之间的水平线构成的。这条线将头部分成两半，中线两侧的面部器官是对称的。

面部十字线中的水平线位置随着年龄的不同，一直在改变。从下图中我们不难发现，随着年龄的增长，水平线位置从幼儿期的眼睛上方平移到成年后的眼睛下方。

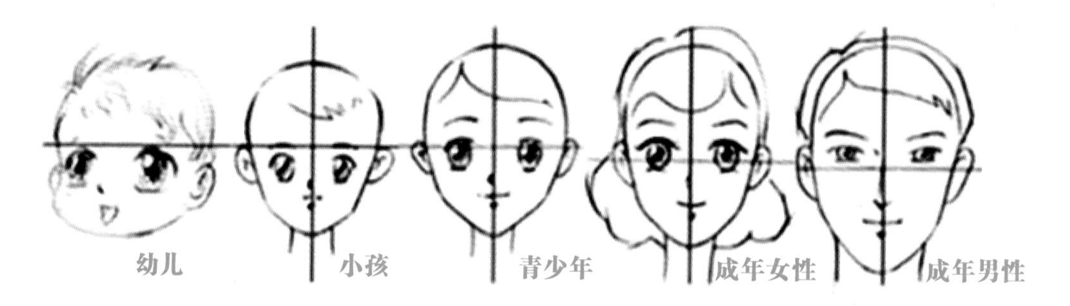

从幼儿到成年人面部十字线的位置变动

从下图中我们也可以发现，水平线位置在人成年后几乎不再改变。

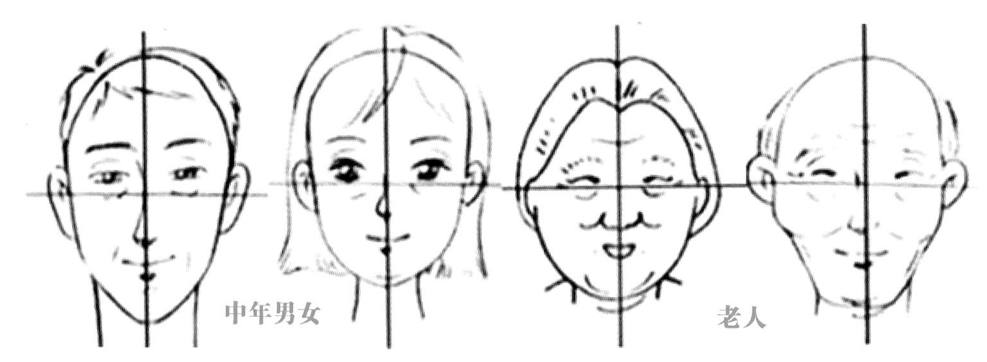

中年男女和老人面部十字线的位置变动

在我们绘制角色时，为了体现年龄的不同，可以根据面部十字线的水平线位置来区分幼儿和成人，根据容貌来区分中年人和老年人。

随着年龄的增长，身体不断长高。头部的下巴慢慢拉长，分散了五官。人的身体从出生到成人一般要增长 3 倍左右。

※ 动动脑　动动手

（1）临摹一个成年的 Q 版人物。

（2）选择一张成年人物的照片头像，把他（她）幼儿时期的模样绘制出来。

第三节　Q 版人物身体的绘制

Q 版人物设计时简化了人物的很多细节，省略了人物很多的结构表现，如在关节和骨点处通过圆滑的线条来表现，设计时尽量把人物画成圆滚滚的可爱形象等。但是在进行形象设计时，如果没有一点结构基础，人物就会变成面团，没有骨头的存在，或者索性成了畸形。为了画得更专业，让我们一起来了解一下人物的身体构造吧！

一、人物的生长规律

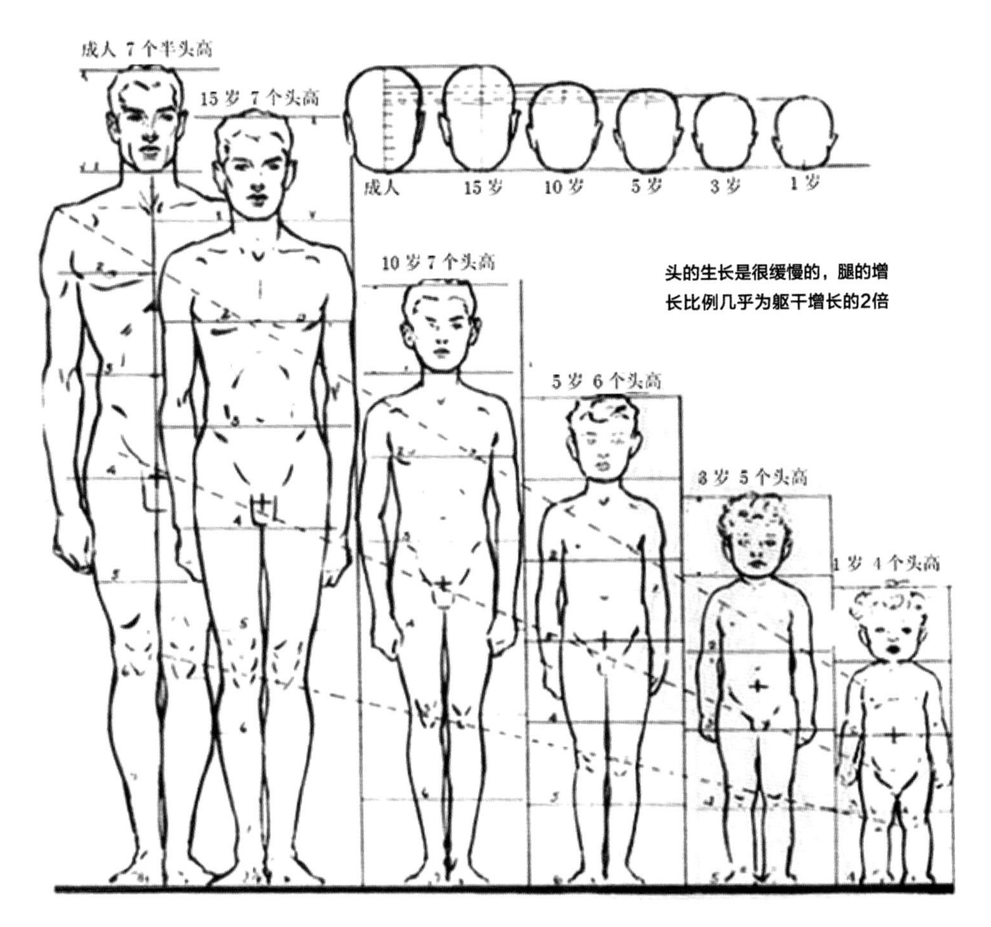

人物的生长规律示意图

二、异性之间的体形差异

女性的身高一般为 5—7 个头，男性的身高一般为 6—8 个头。女性的肩宽为 1.5—2 倍头宽，男性的肩宽为 2—3 倍头宽。女性臀部约为一个头长，男性臀部小于或等于一个头长。女性腰部曲线明显，更加柔美；男性肩膀比较宽，属于倒三角形，越强壮的男性倒三角的形态越明显。

在绘制 Q 版人物的时候需要弄清楚人物关节的位置，适当的时候还需要专门表现出来。特别是手臂和腿，在绘制时从根部开始逐渐缩小，必要时可根据肌肉走向增加曲线形凹凸。

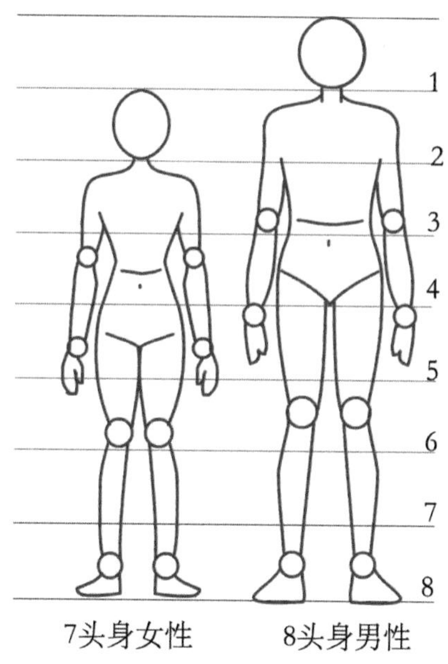

异性间的体型差异

三、写实到 Q 版身体的演变

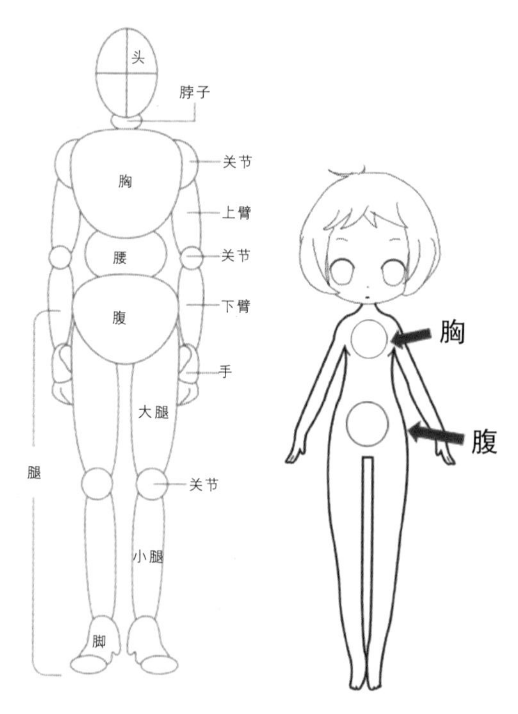

从写实到 Q 版身体的演变

人体由头、躯干、上肢、下肢四部分组成，躯干由胸腔、骨盆两部分组成，通过脊柱与头部连接。

Q 版角色设计时将人体简化成胸、腹两部分。这里用两个小圆表示，下面的圆大于上面的圆，即腹部要大于胸部的范围。

四、男女不同的 Q 版身体

女性身体适合画得凹凸有致，男性的身体有没有凹凸都可以。

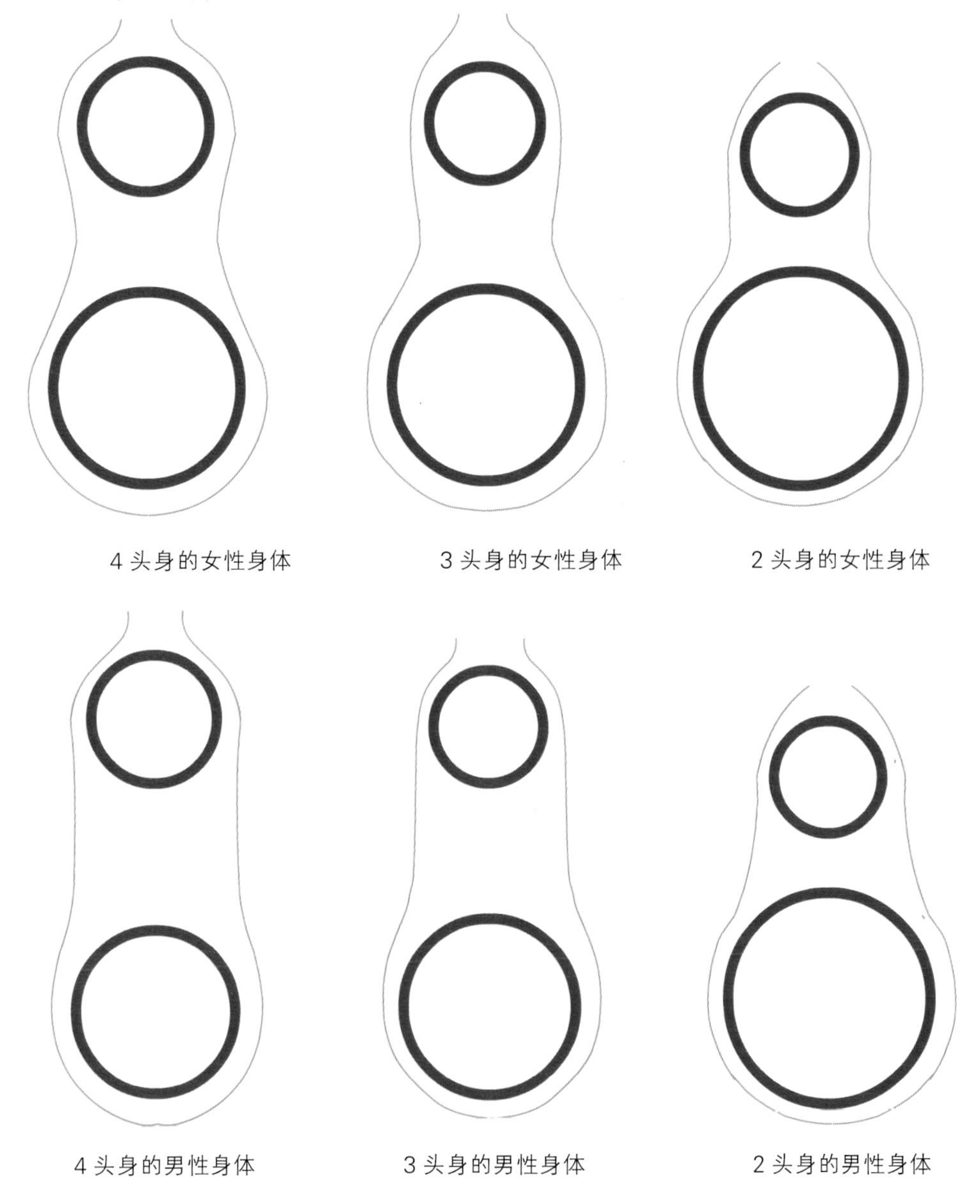

4 头身的女性身体　　3 头身的女性身体　　2 头身的女性身体

4 头身的男性身体　　3 头身的男性身体　　2 头身的男性身体

4 头身和 3 头身的女性身体下面的圆比男性身体的要大，女性身体两圆间的距离比男性身体两圆间的距离要短。2 头身男性和女性身体的两圆大小及距离几乎一样，甚至可以画成一样的形状。

五、身体与头部的关系

（一）女性身体与头部的关系

从 4 头身逐渐变为 2 头身时，身体逐渐变小，从中央线横线 1 的范围外到 1 的范围内逐渐缩小。

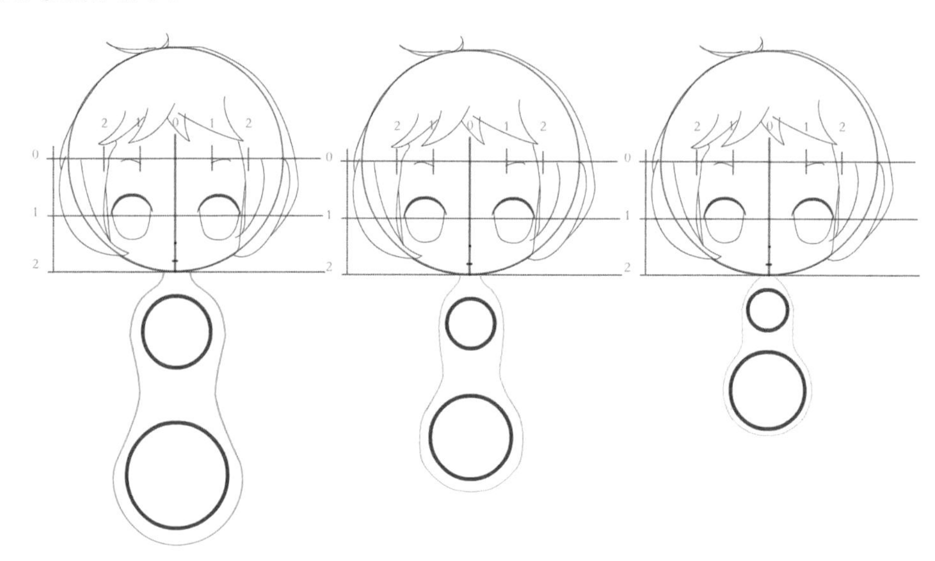

参考日本漫画大师金田工房和角丸圆的画法

（二）男性身体与头部的关系

从 4 头身逐渐变为 2 头身时，身体逐渐变小，从中央线横线 1 的范围外到 1 的范围内逐渐缩小。

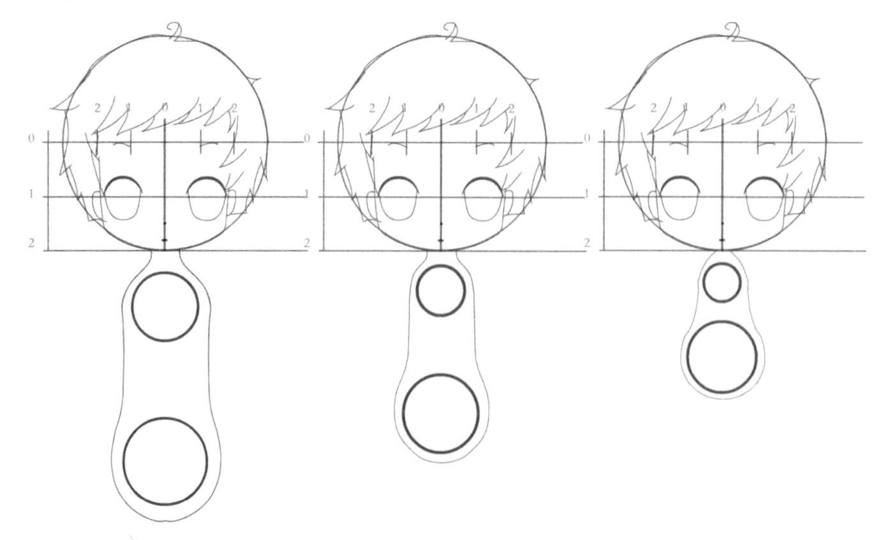

参考日本漫画大师金田工房和角丸圆的画法

六、侧面身体的绘制

不管是男性还是女性，从侧面的角度都可以看到身体明显的 S 形特征。

4 头身女性侧面身体比男性侧面身体的 S 形特征更明显，男性身体比女性身体长。可以适当表现女性凸出的胸部。

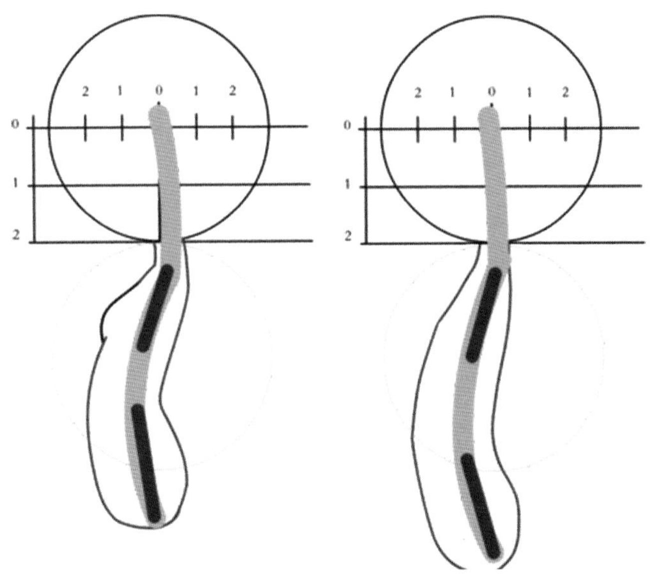

4 头身女性侧面画法　　4 头身男性侧面画法

参考日本漫画大师金田工房和角丸圆的画法

3 头身女性侧面身体比男性侧面身体的 S 形特征更明显。女性凸出的胸部可以适当表现。

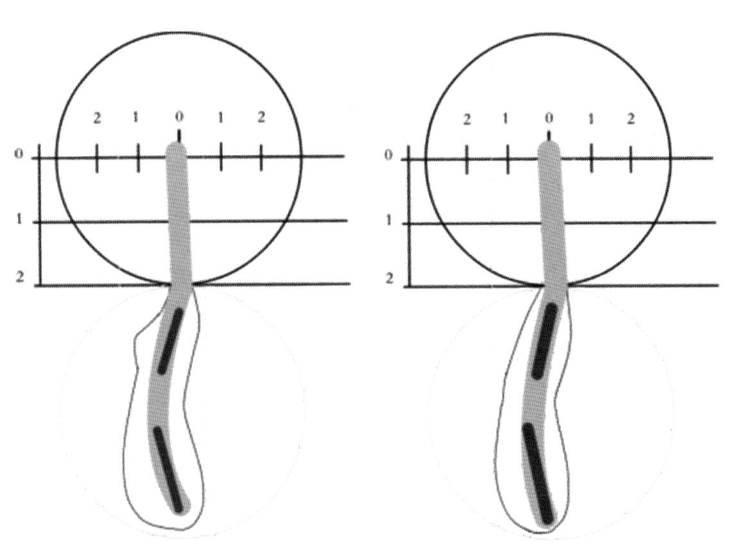

3 头身女性侧面画法　　3 头身男性侧面画法

参考日本漫画大师金田工房和角丸圆的画法

2 头身的女性身体侧面和男性身体侧面可以画成一样，或者比男性身体更突出 S 形的曲线特征。

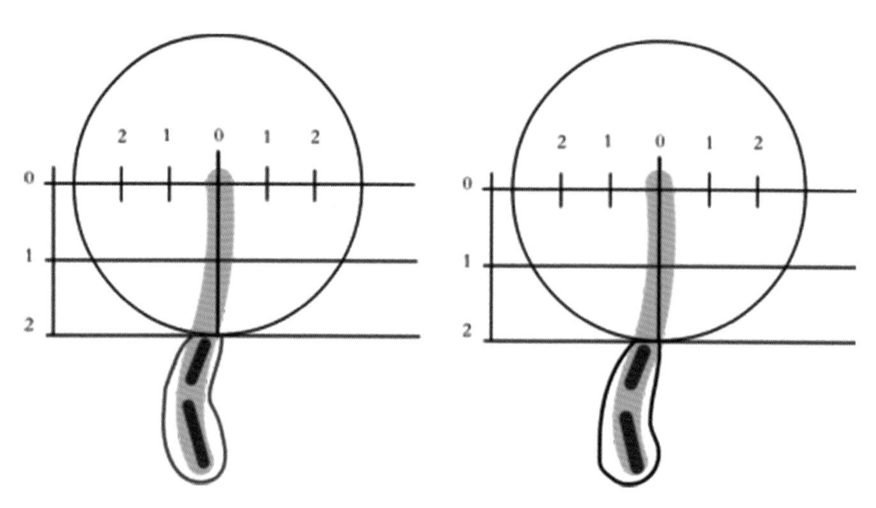

2 头身女性侧面画法　　2 头身男性侧面画法

参考日本漫画大师金田工房和角丸圆的画法

七、四肢的绘制

随着头身比例从 4 头身变到 2 头身，手臂慢慢压缩，并且变短、变胖，原有的曲线变得越来越平滑。手臂从上到下慢慢变小。

4 头身手臂　　3 头身手臂　　2 头身手臂

随着头身比例从 4 头身变到 2 头身，腿慢慢压缩，并且变短、变胖，原有的曲线变得越来越平滑。腿从上到下慢慢变小。

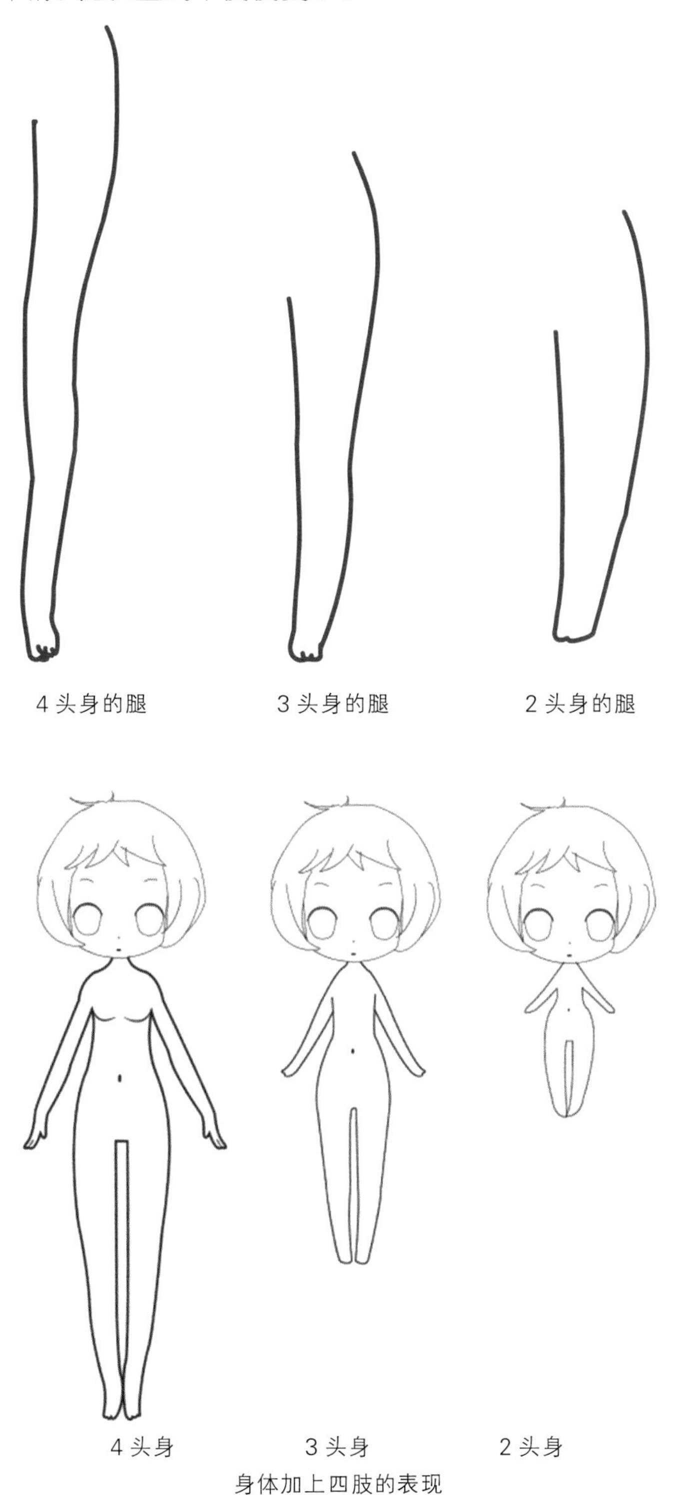

身体加上四肢的表现

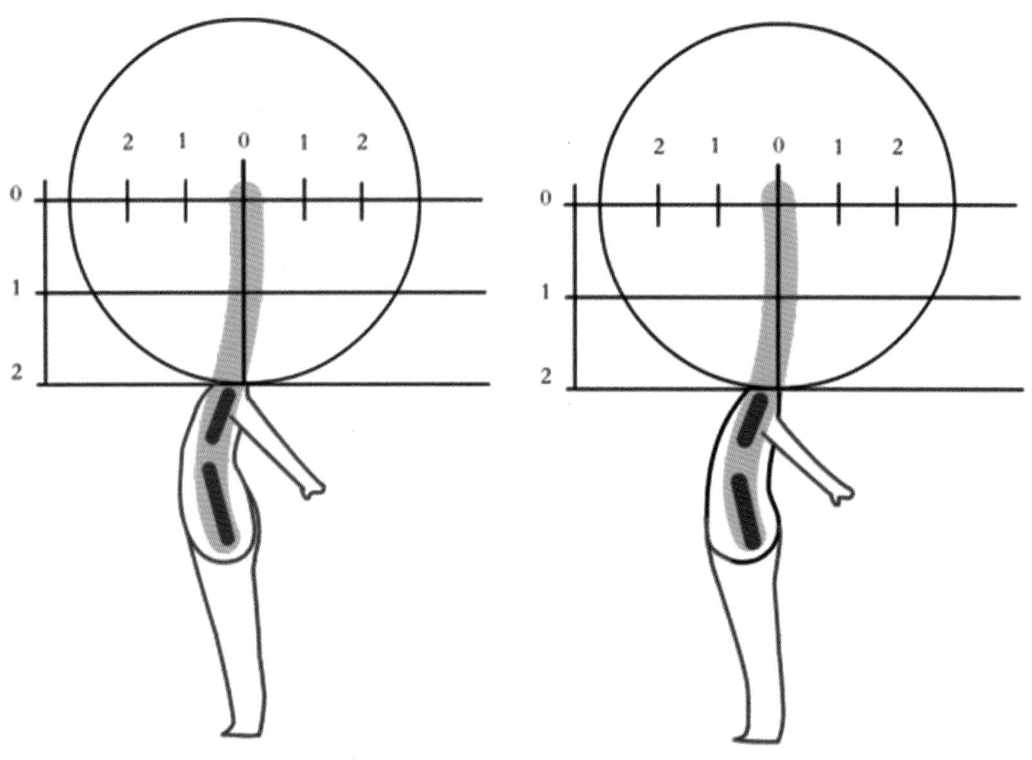

2头身侧面女加四肢　　2头身侧面男加四肢

参考日本漫画大师金田工房和角丸圆的画法

※ **动动脑　动动手**

(1)临摹2个不同性别的Q版角色。

第四节　提升 Q 版人物可爱度的动作表现

在设计 Q 版角色时，合理的动作可以更加突出人物的特征，提升 Q 版角色的可爱度。

铁臂阿童木的经典动作让人铭记在心

龙猫的动作幅度很小，一直是如此呆萌，和它的体型结合，让人喜爱至极

八仙过海 Q 版角色（今虹卡通供稿）

“动作”这个词可以表现为：姿势、平衡、速度、力量、惯性、弹性、作用力与反作用力、加速度与减速度等。动作的姿势是其中一个表现形式，然而创意的本身不能脱离实际，这里所指的实际并非我们现实的实际，而是一种假定条件，这种假定条件要建立在力学原理的基础上，所以姿势不能只是一味好看，它可以夸张，但要遵守原理，比如赋予橡皮的能力，就要同时遵守弹性学的原理。

一、动作的平衡

动作的平衡包含静态平衡和动态平衡。静态平衡是指一个姿势是否能保持平衡，与平衡相关的属性就是“重心”及“支撑点”，比如一个侧踢，脚往前，身体自然地往后稍倾，才能达到重心平衡。

这是一个侧踢动作，左边这个是错误的，没有达到重心平衡。

侧踢动作绘制

动态平衡就比较复杂，但基本的原理也很容易理解，动态平衡的原理：速度、惯性、运动方向、重心、支撑点。人物悬空的时候是没有支撑点的，此时重心就尤为重要。直升机的尾巴要多一个“风扇”；人物跑动的时候手臂自然摆动，手臂与腿交替时，方向应相反；一个右脚侧踢的时候，右手会大幅度地向后方摆动，这都是为了保持动态过程中的一个重心平衡。

各种不同的人物动作图

二、动势曲线

动势曲线是指人物角色动作中自身所拥有和呈现的主要动态趋势，为了便于理解和把握，一般通过一条明确的曲线来表现这种动态趋势。

无论角色是静止的还是运动的，同样要拥有合理的有说服力的动势曲线。

动势曲线一般分为 S 线和 C 线两种。S 线和 C 线都是从角色的动势当中提炼和归纳出来的主要动势曲线，以一条线来表现它的动态趋向，这条主要趋向线有时候会表现为 S 形，有时候会表现为 C 形，因此我们把它们叫成 S 线和 C 线。

动漫人物的动势曲线示意

符合 S 线和 C 线的动作，可以给人以醒目、简洁、充满情绪和生命力的感觉。

动作设计需要充分考虑到人物不同的性格、文化背景，以及不同的生活状态，要表现出不同人物的身体特征和动作习惯及表情表现等。

动画片孙悟空形象的经典动作图

三、动态情绪和张力

造型动作很重要的原则就是在力学原理允许的范围内，尽可能将动作表现到极致。角色依靠动作表现与读者交流，传递情绪。不同角色对同一事物的不同表现，体现在他们的动作动势上。读者通过角色动作体会角色想要传递的情绪。

米老鼠和唐老鸭的动作图

了解肢体的运动轨迹最好的学习方法还是观察：举起你的手臂，只移动手肘，观察一下它的运动轨迹；手肘不动，单纯地移动前臂，看看它的运动范围；再结合手肘、手臂做任意移动，观察手掌的运动轨迹；然后试试脚的运动轨迹；最后用身体再观察一下，这些运动轨迹可以归纳为什么样的曲线。通过切身体会了解动作的可动范围。

《三毛流浪记》中的三毛形象

张力应该是一个角色或者一个角色的某一部分，在需要的情况下将动作做到身体所能承受的极致，这种极致还要根据具体的背景和绘制需求进行适当的调整。

动作剪影

动作张力很重要的原则就是，在力学原理允许的范围内，尽可能将动作表现到极致。

动作的极致可以在剪影中得到很好的表现。

动作剪影

带有强烈视觉特色的剪影会给人留下强烈而鲜明的印象。

带有强烈视觉特色的剪影

四、动作设计

随着互联网的不断发展，我们做设计或画插画时可到网络中寻找参考。参考并不是照着资料描线，而是通过各种资料的查阅为正在做的设计增加可信度，同时也让自己获得启发。有时候一个海报形象的动作或杂志形象的姿势会给你带来灵感，这个姿势可能是你想不到的。通过查阅资料不停地激发灵感，动作设计就会不断创新。在绘制动作时可把你需要的动作进行实际表演或找到类似的照片，根据素材进行绘制。

※ 动动脑　动动手

（1）临摹 2 个 Q 版形象动作。

动作参考资料

第五节 与众不同的“我”

设计自己的 Q 版角色时，可以找一张自己满意的照片，然后根据照片进行 Q 版设计。在设计时注意 Q 版角色应具备的特征：头大身小、五官夸张、短手短脚、俏皮可爱。在设计时需要抓住人物的主要特征、主要动作。下面列举几个学生的作品以及对作品的点评。

学生徐曼曼作品

学生徐曼曼设计的 Q 版形象非常到位，符合 Q 版人物头大身小的特征。对眼睛进行了重点绘制，突出了女孩子长睫毛的特征，强烈而丰富的高光使眼睛炯炯有神。该 Q 版形象能较好地抓住本人的气质特征，突出自身特点，对年龄的捕捉较准确，符合照片本人形象。这个形象是使用 Photoshop 软件绘制完成的。

设计评价：优秀。不足之处：照片的动作很可爱，可以捕捉照片中角色的动作，进行动作描绘，增加可爱度。

学生周琦作品

学生周琦的设计能够较好地表现 Q 版角色可爱的特征，头发的设计简洁，但恰到好处。眼睛的瞳孔颜色用花型进行扩展，比较美观。脸蛋的小红晕加上 3 个小点，还有小虎牙，提升了可爱度。这个形象使用 SAI 软件上色。

设计评价：优秀。不足之处在于瞳孔的花型可以增加色彩变化，双眼皮的线条没有虚实变化，过于僵硬，嘴巴和鼻子可以适当缩小。

头发过于僵硬，在
绘制前就可以设计
更为蓬松的轮廓。

学生黄贾茵作品

学生黄贾茵在这个作品上花费了很多心血。前期线稿阶段她能很快地进行绘制，对 Q 版形象的设计元素抓得非常准确，一切从可爱出发。在勾线阶段，她选择了 Flash 进行勾线，能够较快较准完成勾线，在上色阶段，她选择了 Photoshop 软件。上色阶段遇到了瓶颈，眼睛、头发、衣服颜色等问题接踵而至，让她措手不及。在眼睛的绘制表现上黄贾茵参考了相关资料，最后选择了这种火焰形的眼睛。头发的绘制运用了写实类插画的绘制方法。衣服和眼镜的图案绘制运用了 Photoshop 的图层模式中的叠加效果。

设计评价：优秀。优点在于表情很呆萌，能够较为深入地绘制细节，眼睛、眼镜和眉毛颜色处理较好。不足之处在于头发的设计过于僵硬，影响了整体效果。在绘制前可以确定更为清晰的头发轮廓，分清块面，用更轻松的笔触表示，给予头发适当的蓬松感。

学生吴小康作品

学生吴小康在前期设计时遇到了瓶颈，他没办法较准确地捕捉自己的五官特点，对自己没有信心，后来他到脸萌 APP 中进行拼脸，找到适合自己的脸型及五官后，再进行设计。通过这种方法，吴小康找准了自己的五官特征，并运用 Flash 软件绘制出来，整体效果较好。不足之处：五官可以突出眼睛，简化嘴巴和鼻子，头发的设计可以更加丰富。

学生吴诗佳作品

学生吴诗佳的作品属于漫画Q版形象，她本人比较喜欢漫画中的角色，在设计时她突破了照片的局限，在色彩的搭配上进行了夸张，头发用黄色，眼睛用紫色，着装上也进行了Q化，特别是鞋子的绘制非常Q，整体效果较好。不足之处：眼睛的颜色可以适当增加人物的环境色，明暗的表现还可以更统一。

学生侯昌圳作品

学生候昌圳的作品是用 Flash 软件绘制的，能够较好地捕捉自己的面部特征以表现性格特点，特别是头发的设计与本人特别符合，用手势动作“666”和简单的舌头动作来表现他自信、不服输的性格。不足之处：衣服的表现不够整体，特别是袖子没有表现衣服的厚度和空间感，衣服的光影方向和其他的光影方向不统一。

眼睛绘制过于简单，色彩不够丰富，高光运用属于中老年人物的绘制，未表现炯炯有神的眼睛。

学生郑捷作品

学生郑捷的作品较为清秀，绘制有详有略，有节奏感。头发绘制的笔触使用较娴熟，相对整个形象来说头发效果较突出。不足之处：脸部绘制过于简单，眼睛绘制不够精彩导致头发喧宾夺主。

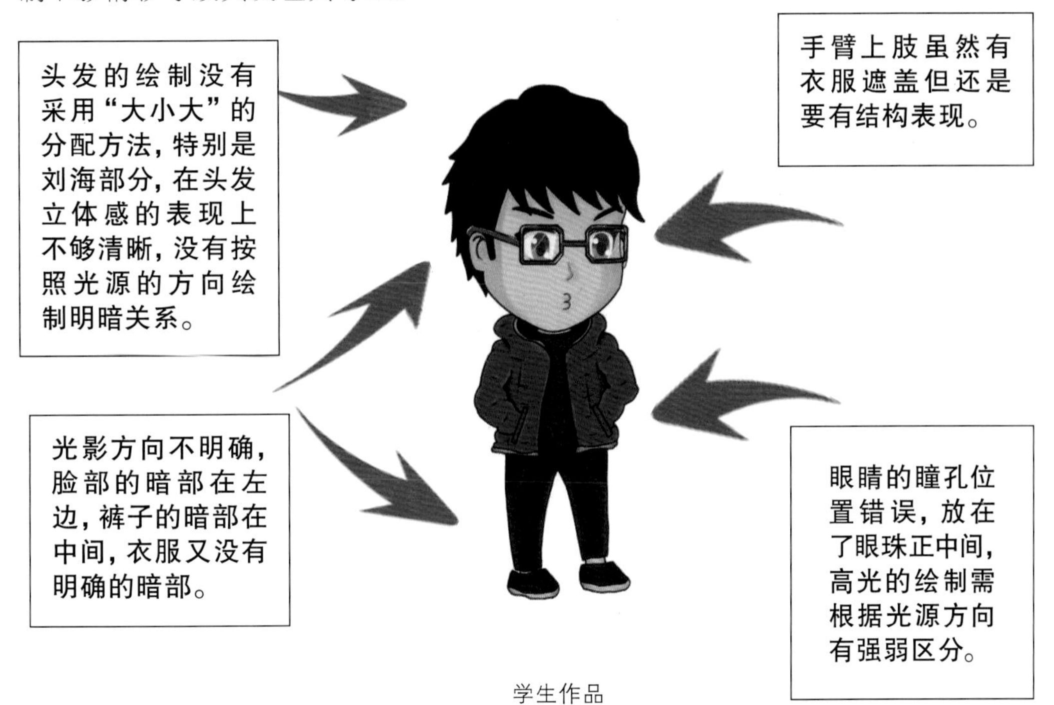

学生作品

此学生作品较具整体性，上衣的表现较好，考虑到了虚实的处理，嘴巴的形状较可爱。不足之处：头发的绘制没有采用“大小大”的分配方法，在头发立体感的表现上不够清晰，没有按照光源的方向绘制明暗关系，眼睛的瞳孔位置错误，放在了眼珠正中间。左前臂绘制时需注意结构。光影方向不明确。

※ **动动脑　动动手**

（1）选一张自己最喜欢的照片，给自己设计一个完整的 Q 版形象。

第六节　服装道具的表现

一、服装的象征与标识作用

服装的由来：从最原始的草裙类服装到动物皮毛类服装，再到布艺类服装，这个变化过程主要体现了服装从遮羞作用逐渐发展到保暖舒适作用的过程。随着社会和科技的发展，人们对服装的要求从舒适转变到美观，最后成为个人个性的表现。

各类不同服装

二、社会特征

无论是现实社会还是幻想世界，对服装都有一个“标准”，设计者要通过这一“标准”来体现角色所处社会的特征。

服装的种类从时代来划分可分为远古时期、奴隶社会时期、封建社会时期、近代、现代、未来；从地域来划分可分为东方和西方；从社会地位来划分可分为贵族和平民；从职业来划分可分为法官、警察、工人、服务员等；从场合来划分可分为家庭、公司、运动场所、休闲场所等；还可以从季节来划分。

（一）东方服装

各类经典东方服饰

选自《口袋西游》

（二）西方服装

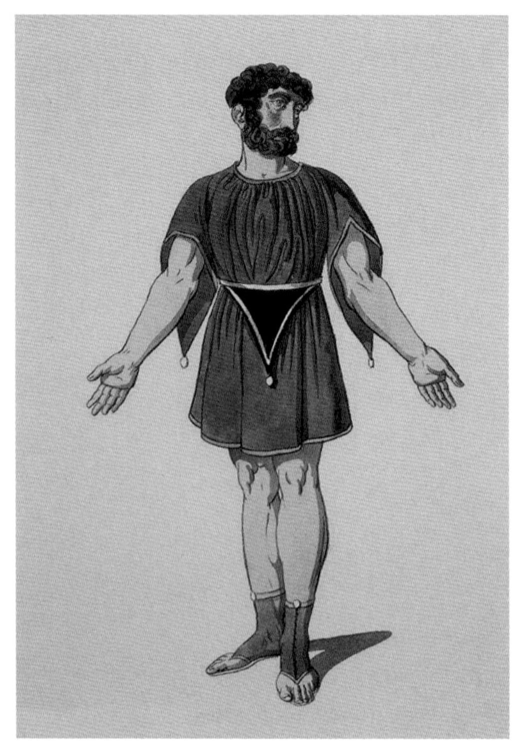

古罗马时期

文艺复兴时期

电影《亚瑟王》中的中世纪服装

《哈尔的移动城堡》中欧洲近代服装

三、个性特征

个性就是一个人的特性，角色对特定环境下着装标准的遵从或打破，能体现出角色的性格特征。

对于着装需求的心理，绝大多数人有自己的内心感受和深刻的情绪体验，都或多或少，或强或弱，或深刻或浅显地试图通过所着服装来更好地塑造自我形象。着装可以体现一个人的心理、性格和审美。

通过服饰可以判断影片等的故事性质，如现实主义、浪漫主义、超现实主义等。

四、角色服装的种类

（一）历史服装

如果人物角色生活在一个具体的历史时期，那就很有必要研究该时期的艺术作品，参看一些服装史的资料。这有助于捕捉该时代的服装特征，特别是有助于了解不同社会阶层的服装样式。如《埃及王子》中的人物服装，将埃及王后的服饰和百姓的服饰对比后可发现许多展现人物不同阶级、不同民族的小细节。

选自动画片《埃及王子》

（二）民族服装

服装是一个民族文化的重要组成部分，其民族的历史、文化、习俗、地域等都对服装的整体形象产生重要影响。在日本漫画中，以反映幕府末年明治初年社会变革时期的作品《浪客剑心》，其人物的服装设计可以说是体现了当时日本的民族服装特

选自《浪客剑心》

色，主人公“绯村剑心”所穿的深红色和服配白色裤裙或藏蓝色和服配白色裤裙的剑道人物的服装是典型的日式风格美化版。

（三）时装

时装的选择一般需要考虑几个问题：什么人穿？什么时候穿？什么地方穿？什么人穿就是指服装要分职业，分为工作服、办公服、运动服、登山服、军装、宇航服等。同时要确定着装的季节和时间，确定着装对应的环境。

（四）魔幻服装

魔幻服装分为未来世界服装和非人类服装。

魔幻服装图

※ 动动脑　动动手

（1）给自己的 Q 版形象换装。

第七节　Q 版人物三视图的绘制

Q 版人物设计有很多商业用途，比如说可以把这个角色放入动画片中，或者做成立体的造型等，这时候必须要有至少三个面的设计，正面、侧面、背面，即三视图，才能够满足后期作品的衍生，必要时还需要增加斜侧面及各类不同的表情。

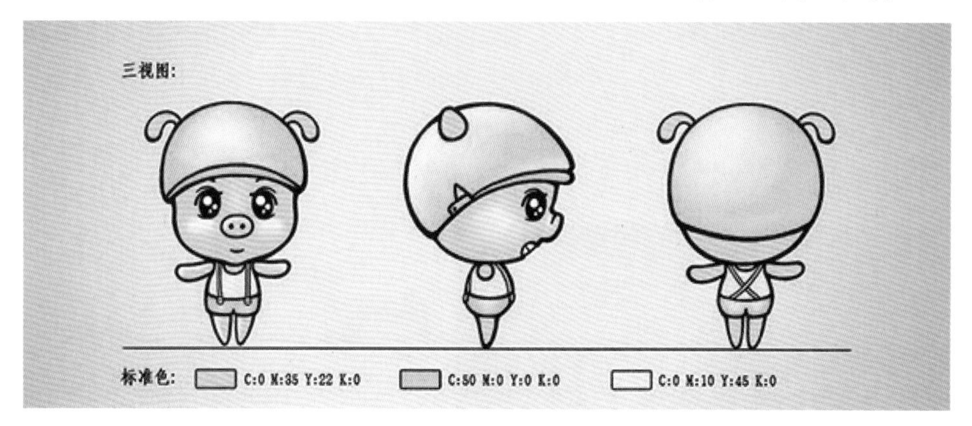

Q 版人物三视图

三视图的绘制有助于更准确地塑造黏土形象。三视图的绘制使我们的学习从基础走向专业，从课堂走向商业化使用。

为甘其食包子设计的 Q 版形象（今虹卡通供稿）

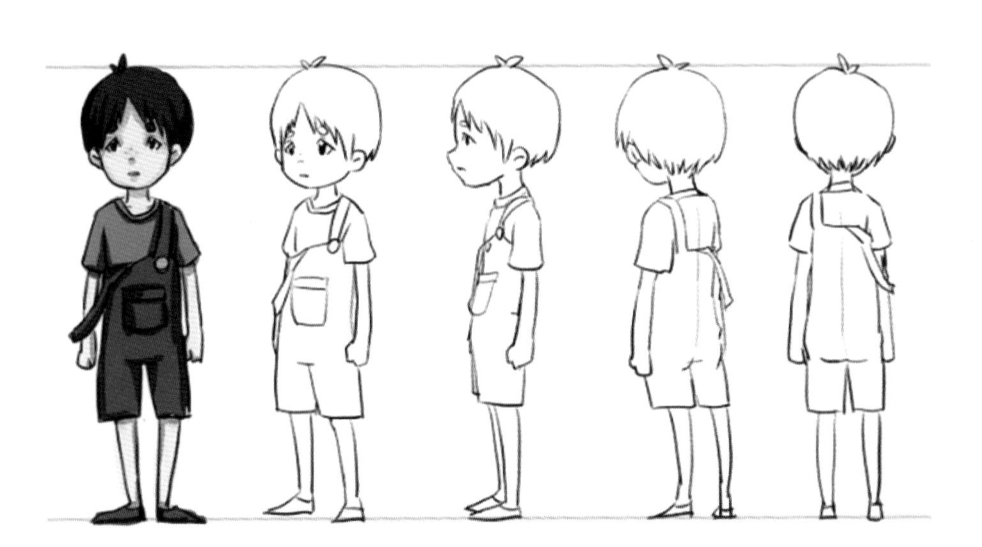

各类不同 Q 版人物的三视图

在三视图的基础上，再把人物精确化，加上具体的尺寸、指定的色彩，增加斜侧面及典型的动作、表情等，这类设计我们叫作标准造型稿。

单位：CM

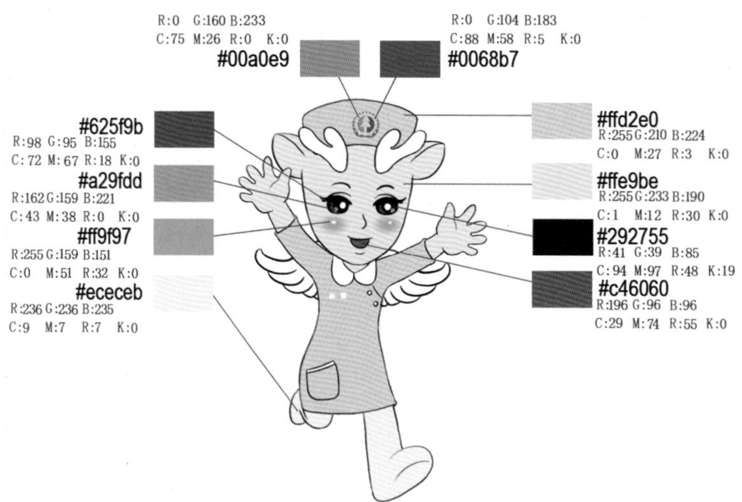

小护士标准造型稿（今虹卡通供稿）

※ 动动脑　动动手

给自己的 Q 版形象绘制三视图。

第四章

“我”的 Q 版形象立体成型

第一节　超轻黏土基本知识

一、什么是超轻黏土

超轻黏土是纸黏土的一种，简称超轻土，又称弹跳泥，容易捏塑且手感舒适，更适合造型，是一种新型环保、无毒、自然风干的手工造型材料。

超轻黏土最早诞生于德国并逐渐传遍整个欧洲，后经日本、韩国、中国台湾地区传至中国大陆。该材料可塑性强、色彩艳丽，制作者可自由揉捏、随意创作。是一种集陶土、纸黏土、雕塑油泥、橡皮泥等优点于一身的最新手工创作材料。

超轻黏土成分包括发泡粉、水、纸浆、糊剂，由于膨胀体积较大，比重很小（一般为 0.25—0.28）做出来的作品干燥后的重量是干燥前的 1/4，极轻且不容易碎。

超轻黏土形象大合影

二、超轻黏土的特性

超轻黏土首要特点：超轻、超柔、超干净、不粘手、不留残渣。超轻黏土的颜色丰富，而且像颜料一样可以根据基本颜色按比例调配。混色只要几种颜色混在一起揉匀就可以调出想要的色彩。

区别于其他黏土的优点：作品不需要烘烤，自然风干，干燥后不会出现裂纹。能够很好地与其他材质结合，不管与纸张、玻璃、金属，还是与蕾丝、珠片都有极佳的密合度。干燥定型以后，可用水彩、油彩、水粉、丙烯、亚克力颜料、指甲油等上色，有很高的包容性。

超轻黏土的干燥速度取决于制作作品的大小，作品越小，干燥速度越快，越大则越慢，一般表面干燥的时间为 2—3 小时，24—48 小时可整体自然风干且有弹性，不碎裂。作品干燥后可永久保存。

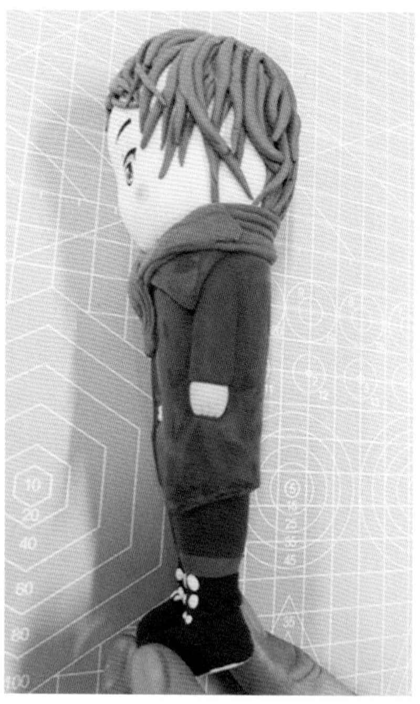

学生陈华成作品

三、超轻黏土的使用

超轻黏土使用前要充分揉捏，把里面的空气排出，同时挤出一定的水分。揉捏后黏土进行密封保存，避免阳光直射，如果长期暴露在空气中，黏土就会干燥。在揉捏过程中，黏土过于干燥很难制作造型的时候就可以喷洒少许水，然后用手进行充分揉捏。刚揉捏时黏土会掉色到手上，这时候不要大惊小怪，坚持不停地揉捏，等手上的颜色都被吸进黏土里时就揉捏好了。造型制作好后自然干燥，可用牙签、铁丝等使其站立干燥，不要让造型的正、背面接触桌台，尽量做到悬空晾干，这样不会损坏造型。

学生胡斌斐、郑泳琪、黄贾茵作品

※ 动动脑　动动手

（1）复述超轻黏土的特性。

第二节　超轻黏土制作基本功

一、色彩的混合方法

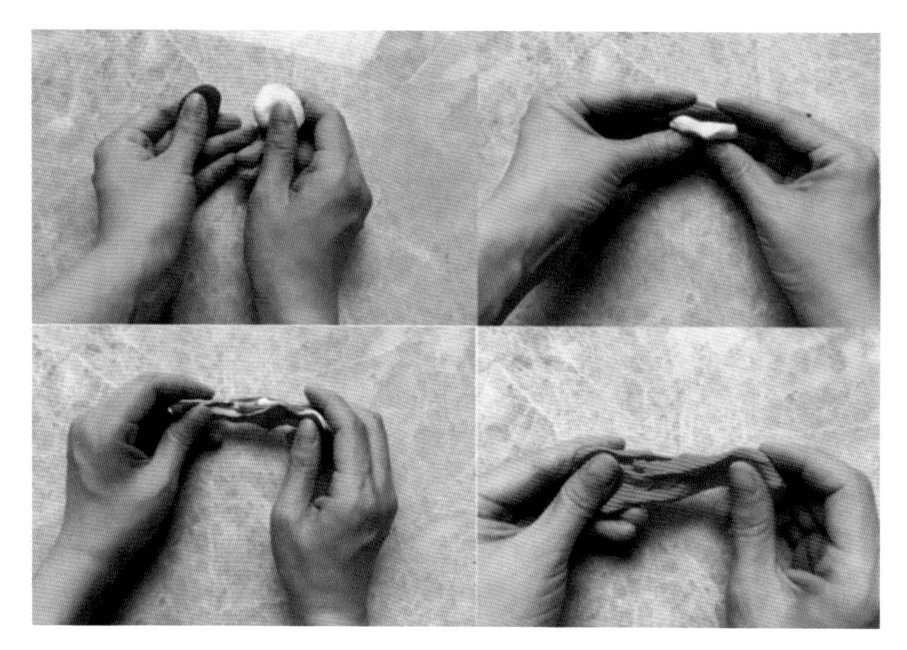

两种及两种以上不同颜色的黏土混合在一起，即可调配出一种新的颜色。但是，即使是同一个品牌的黏土，也有可能出现轻微的色差。因此可根据具体需要自行调节黏土的搭配比例，调合出自己喜爱的色彩。

二、基本操作方法

球形法：将黏土放在手心，双手掌心相对，顺着同一方向轻轻揉动，使黏土均匀受力，形成光滑的圆球。圆球形状几乎是所有黏土制品的起点。

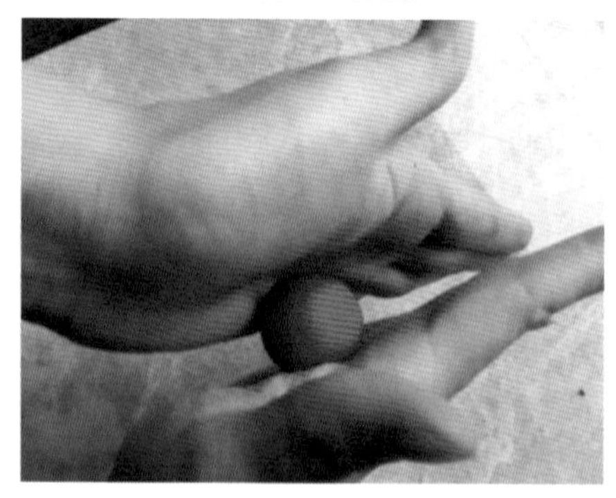

水滴法：先将黏土用球形法捏成球形，再将两个手掌相合，然后用手的一端稍用力来回搓动，呈“V”字形，把一头揉尖成为水滴状。由于角度的不同，揉出的形状有可能是圆圆的水滴状，如项链串珠；也有可能是长长的水滴状，如胡萝卜。把水滴压扁后就可以做成多肉植物的叶子。

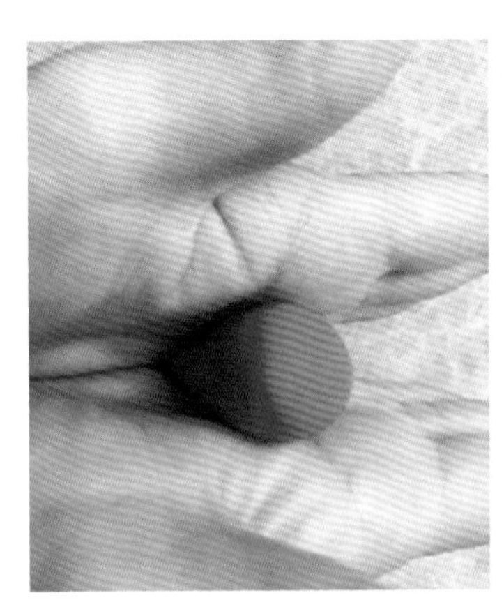

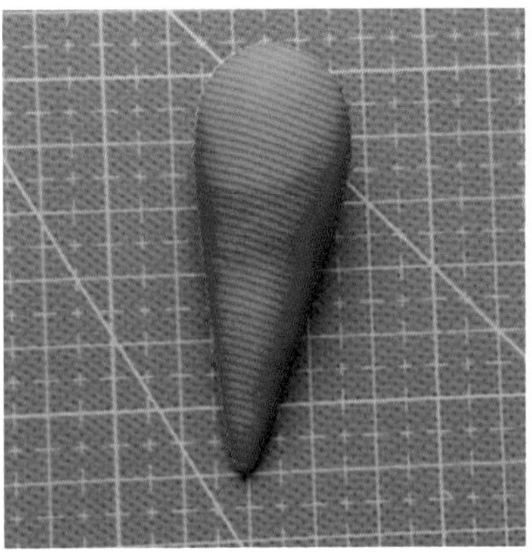

柱形法：先将黏土用球形法捏成球形，再将双手合在一起，夹住圆球反复揉搓，再用食指和大拇指按平两端就可称为柱形。

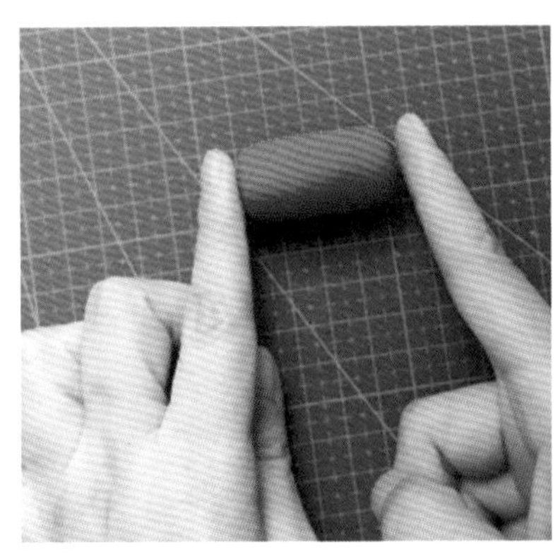

正六面体法：先将黏土用球形法捏成球形，再用双手的食指和大拇指，反复捏平圆球的六面，使其最后成为正六面体。

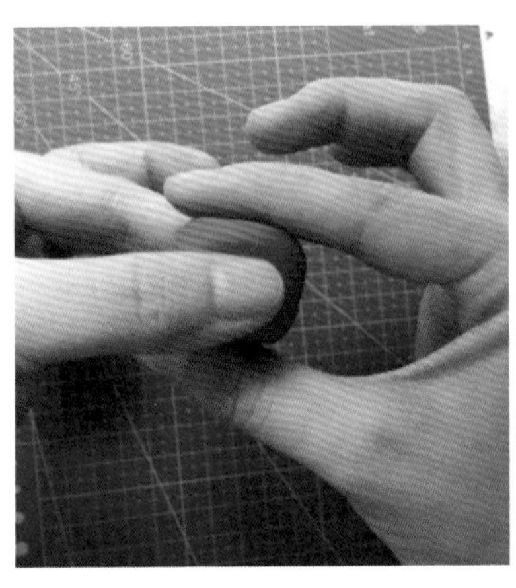

梭形法：先将黏土用球形法捏成球形，再将两个手掌相合，然后用手的一端稍用力来回搓动，呈"V"字形，把一头揉尖成为水滴状。用同样的方法调换黏土在手中的受力部位揉搓，使两头的尖头相近。

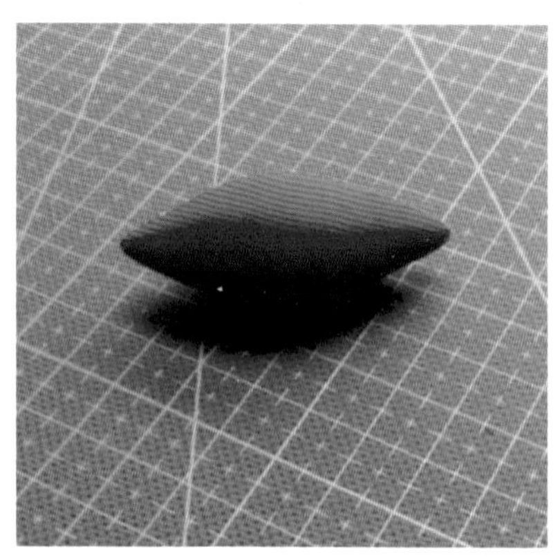

条状法：先将黏土揉成圆球状，再放在塑胶板或平整的桌面上，利用手掌或亚克力板反复揉搓，使圆球逐渐变为条状。注意揉搓的时候用力要均匀，如果用力相差较大黏土会变得粗细不均匀。记住要用手掌揉搓。

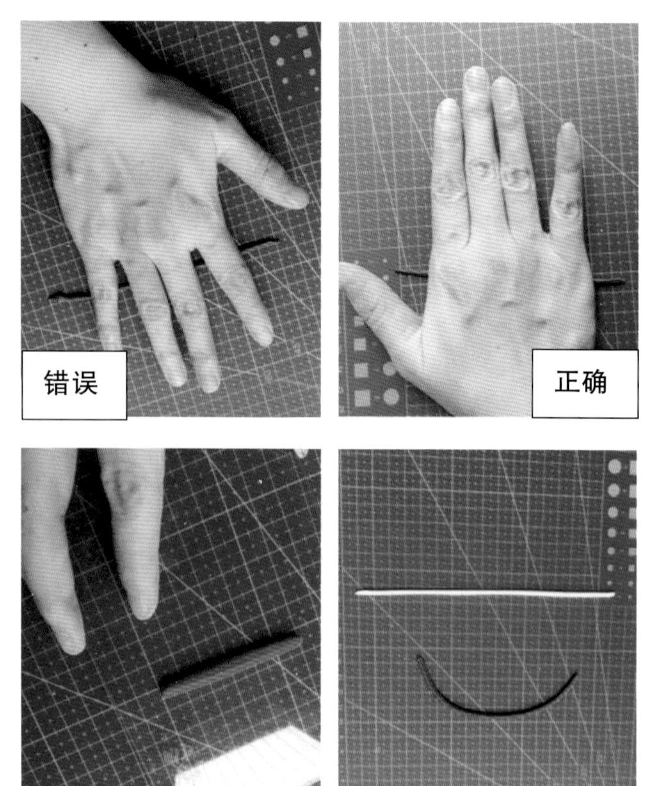

※ 动动脑　动动手

（1）用超轻黏土制作球形、水滴和圆柱的形状。

三、黏土作品制作

了解了上面的基本技法后，我们来做一些简单的作品吧！

有趣的黏土作品

下面我们来具体讲解一下小章鱼的做法。

超轻黏土作品——小章鱼

第一步：材料准备，准备几种颜色不一样的黏土。需要四种颜色，黑色、白色及其他任意两种颜色

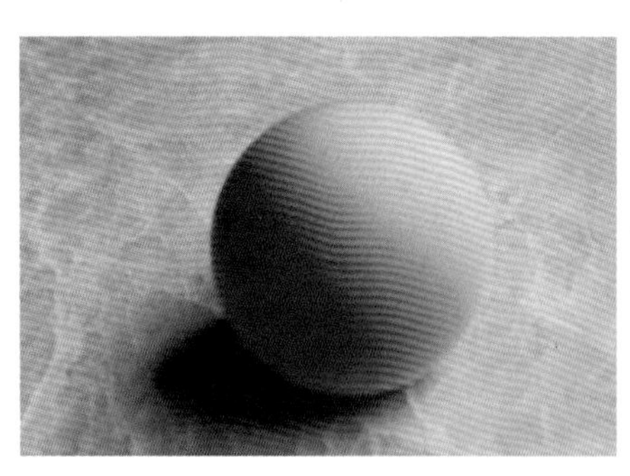
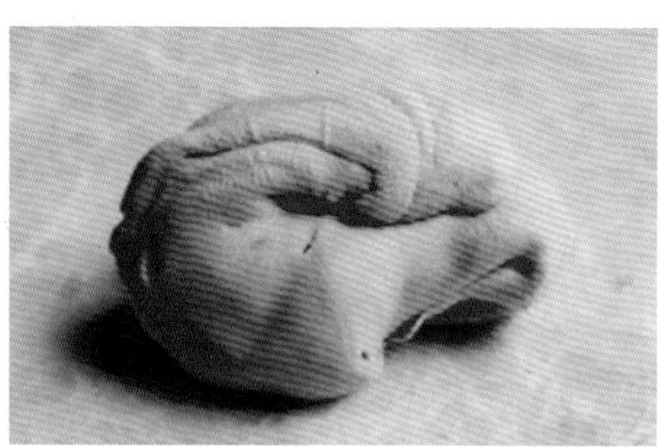

第二步：选用一种你喜欢的颜色作为小章鱼的主体色，然后取适量黏土揉成一个大圆，用牙签插入悬空放置

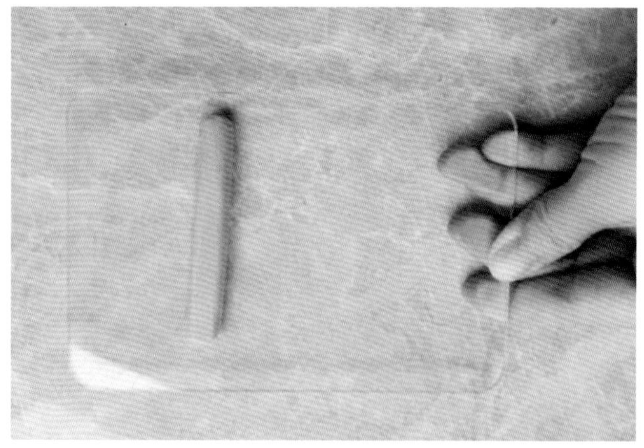
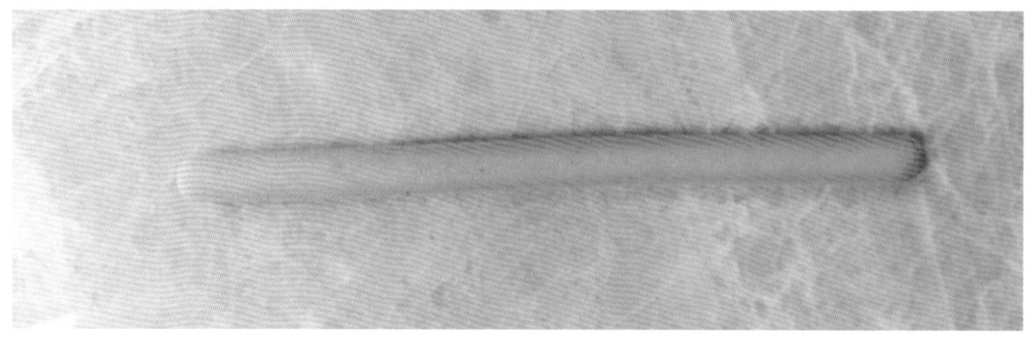

第三步：借助平面工具把黏土搓成均匀长条形状

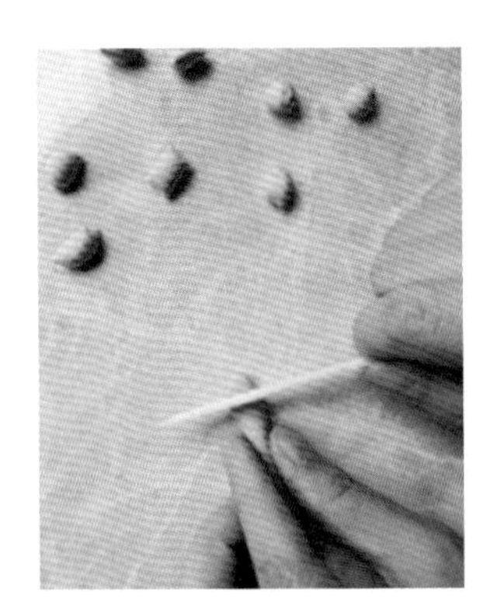

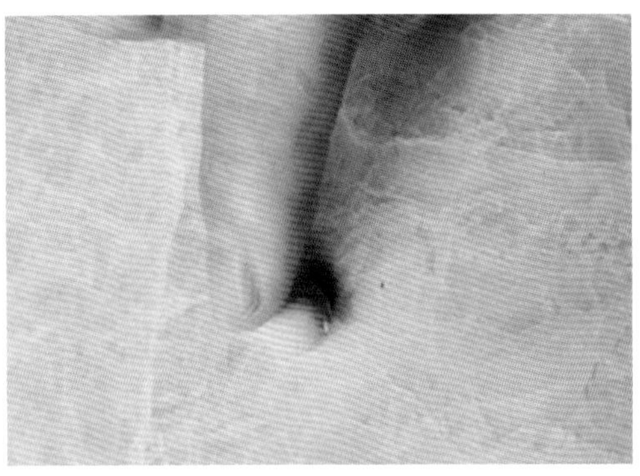

第四步：把长条均匀地分成8份，做章鱼的触须，在搓章鱼的触须时由于圆比较小，我们可以用一个手指揉搓，直至黏土变成一个圆球

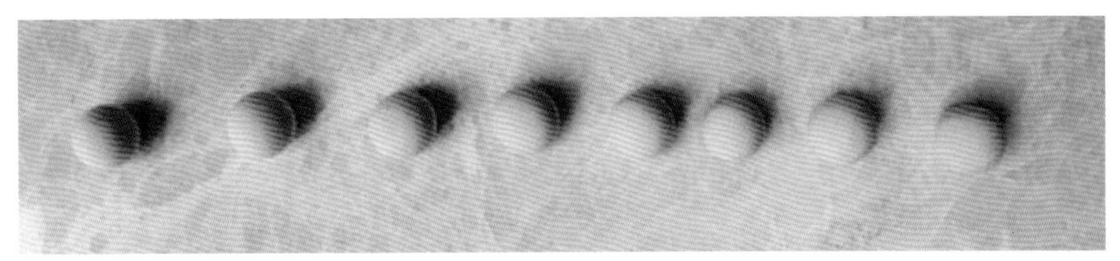

第五步：一共揉8个大小均匀的圆球

第六步：将8个小圆球如下排放在大圆球的底端，作为章鱼的小触须

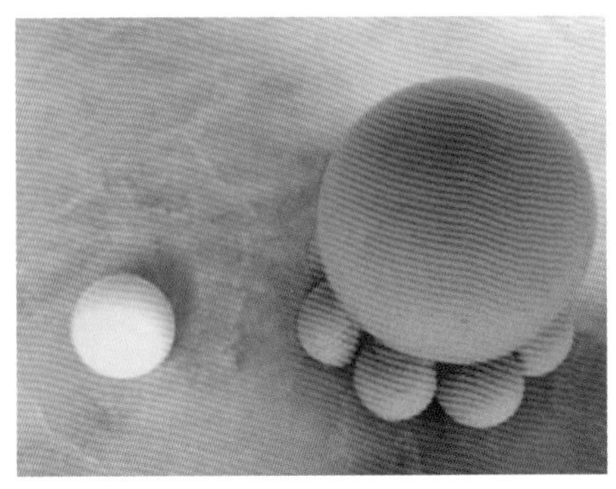

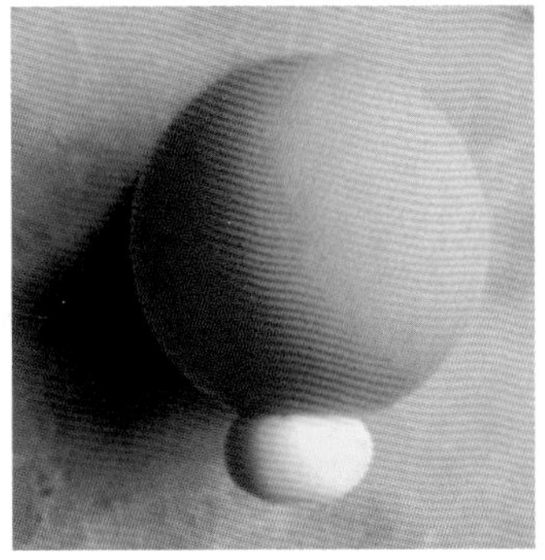

第七步：为章鱼制作嘴巴。搓一个小圆粘到章鱼的身体上作为它的嘴巴，用工具在中间戳出嘴巴的形状

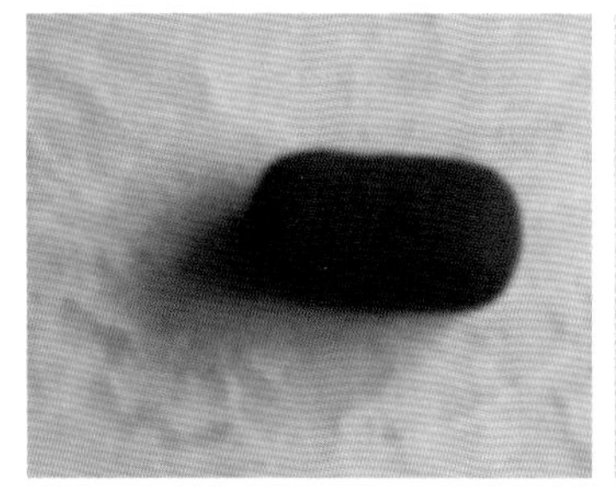
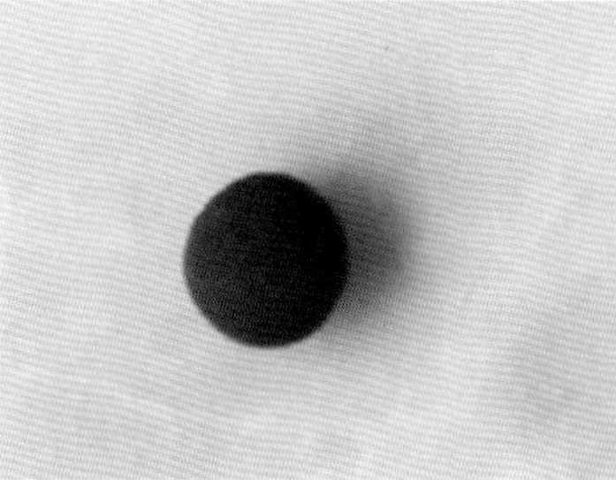

第八步：制作章鱼的眼睛。用手指揉搓一个黑色的小圆，再轻轻压扁，作为章鱼的眼睛。再用手指揉搓白色小圆（比黑色小圆小），放到眼睛上轻轻压扁作为眼睛的高光。再用同样的方法制作小腮红

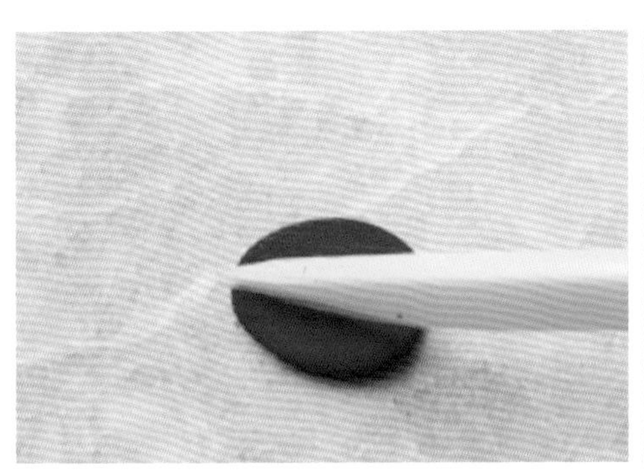

第九步：制作章鱼的蝴蝶结。蝴蝶结需要两个半片，先做成水滴状，再用亚克力板压扁，用刀形工具画上压痕

第十步：把蝴蝶结的两部分连接在一起装到小章鱼头上就制作完成了，也可以再加上一个发箍

注：头饰也可换成帽子。用你喜欢的颜色（不要和身体颜色一样）制作章鱼的帽子。用黏土制作一个圆柱和条状，然后把圆柱粘在章鱼的头部，再用条状围住圆柱底部一圈。

戴上帽子的小章鱼

※ 动动脑　动动手

（1）用超轻黏土制作一只小章鱼。

第三节 Q版人物头部黏土制作

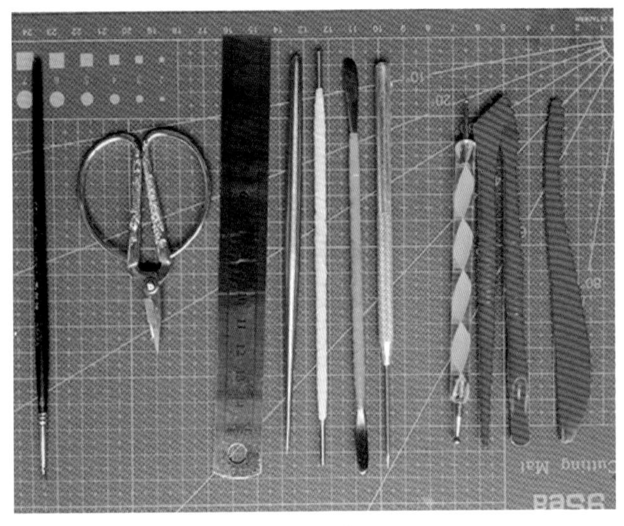

Q版人物头部制作需用工具

一、Q版人物脸部制作

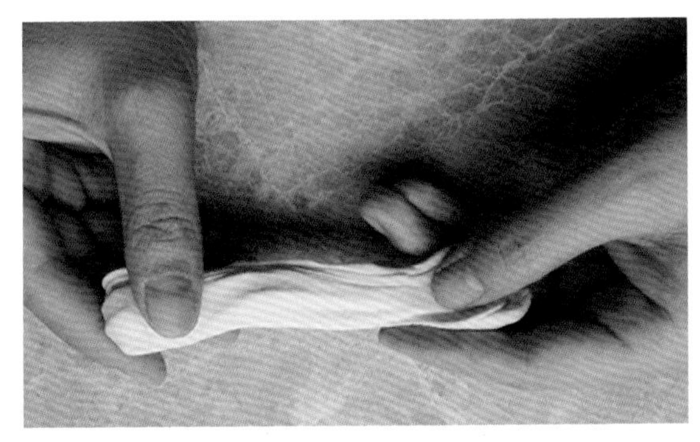

第一步：取适量肉色黏土揉捏，使黏土中的水分和气泡尽量排出

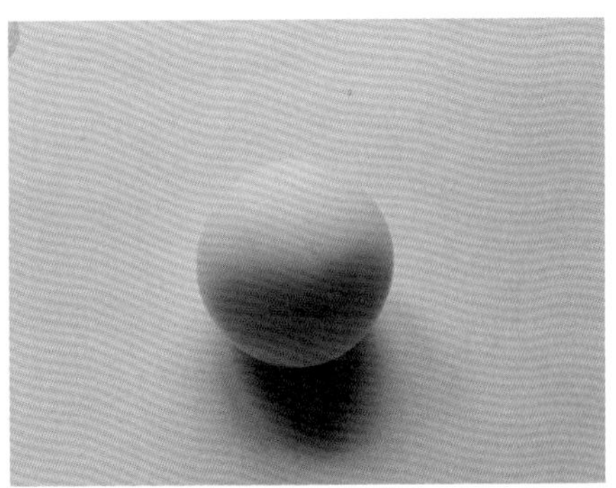

第二步：揉成一个球形

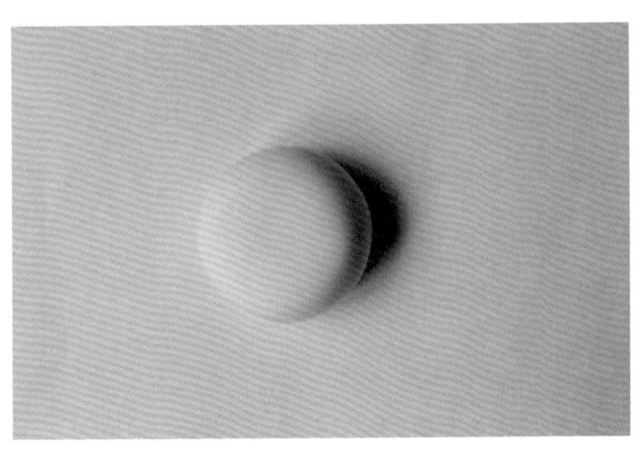

第三步：把圆球轻轻压扁

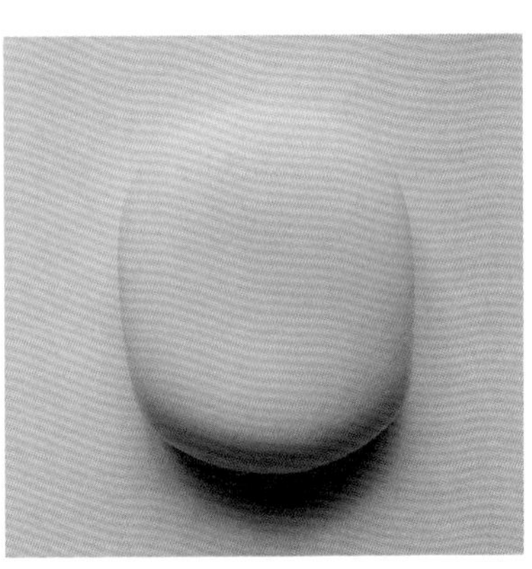

第四步：把脸型调整为包子脸型

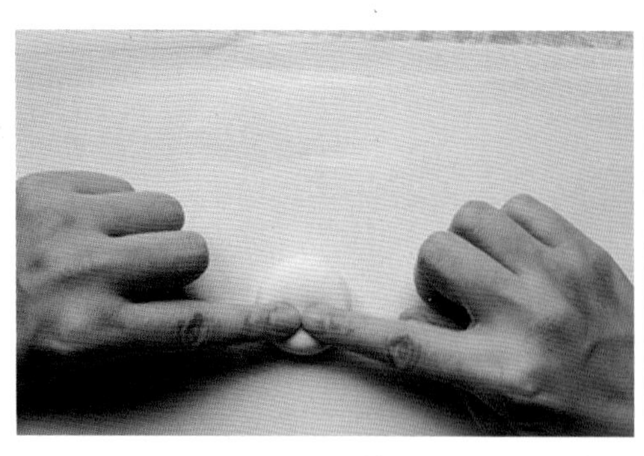
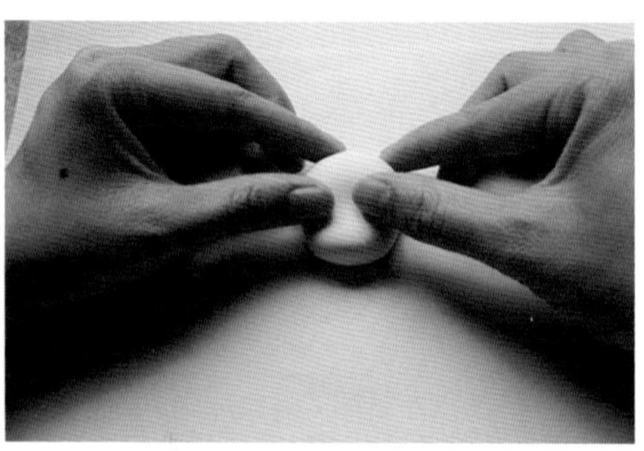

第五步：用两只食指或大拇指轻轻地按下

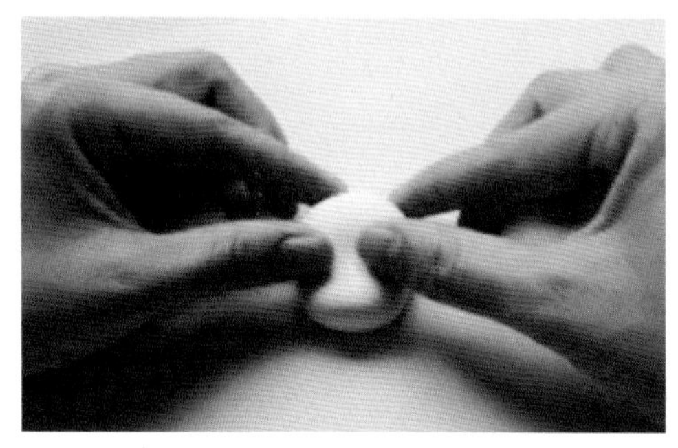
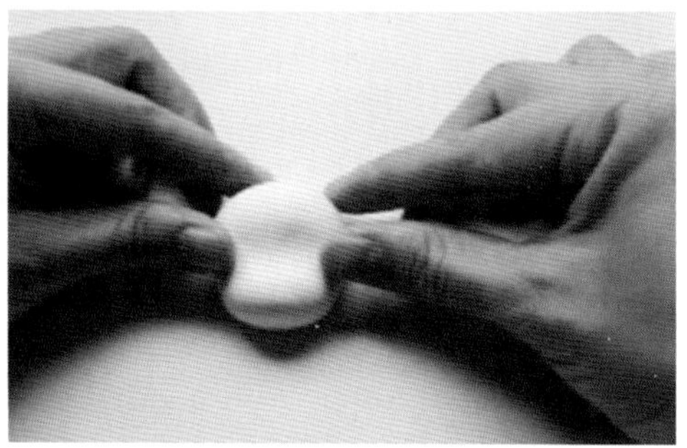

第六步：用手指调整眼部的凹陷，并沿着从中间到两侧的方向用手指轻轻地向上调整

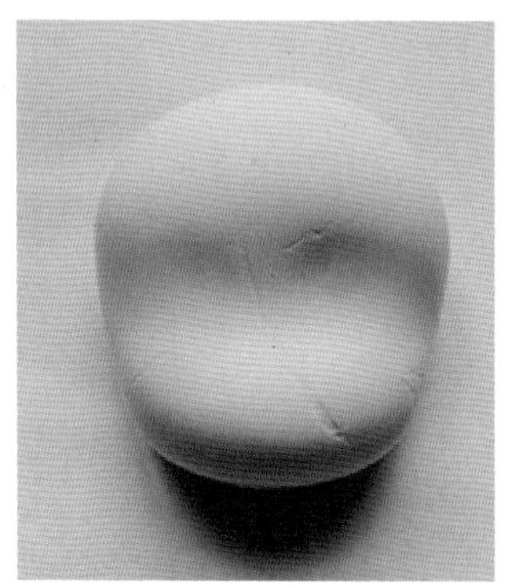

第七步：最后调整的形状是侧面看要有S形，然后用牙签插在头底部晾干

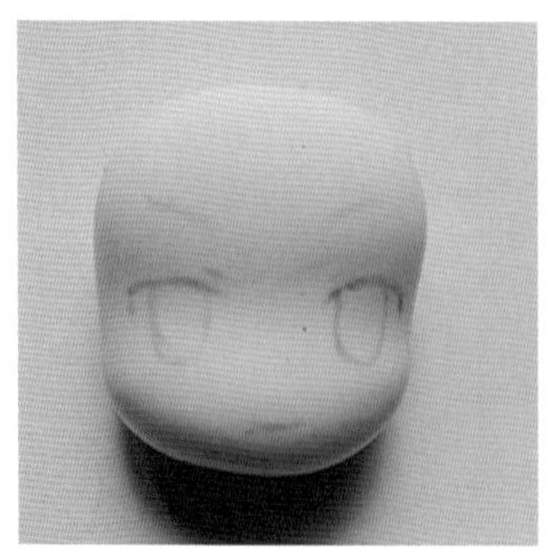

第八步：脸部晾干后，用铅笔轻轻地画上眼睛的大致轮廓和嘴巴的位置

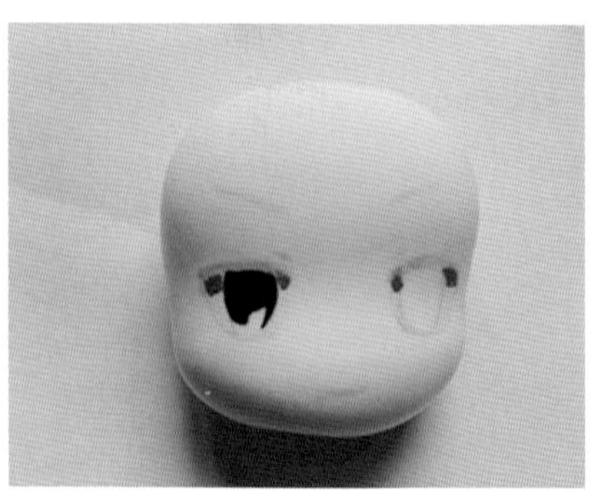

第九步：绘制眼白

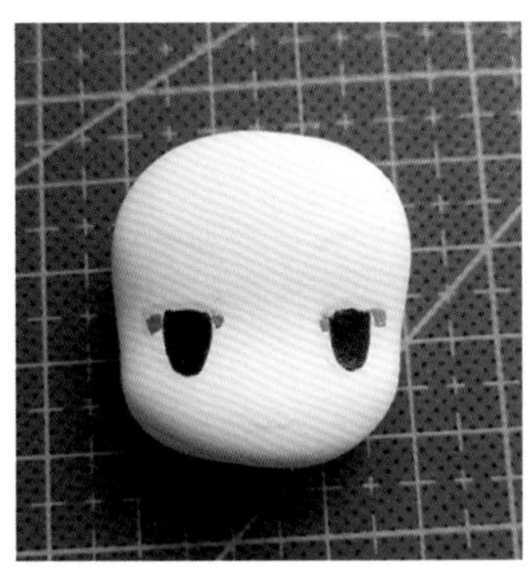

第十步：绘制眼睛深色部分。用棕色笔绘制眼珠，黑色笔绘制眼线、眉毛等

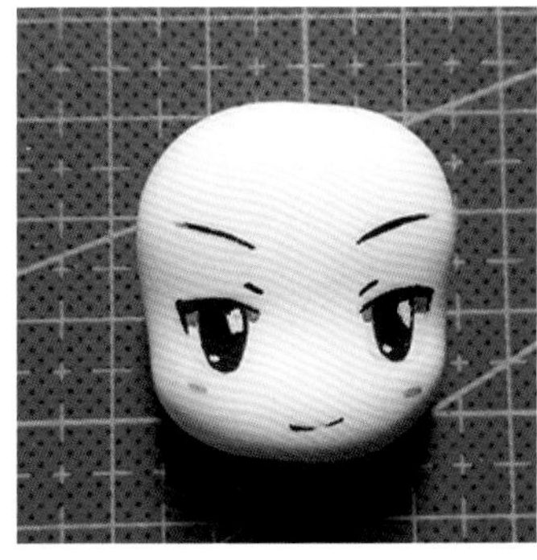

第十一步：给眼睛加上高光，给脸颊加上腮红

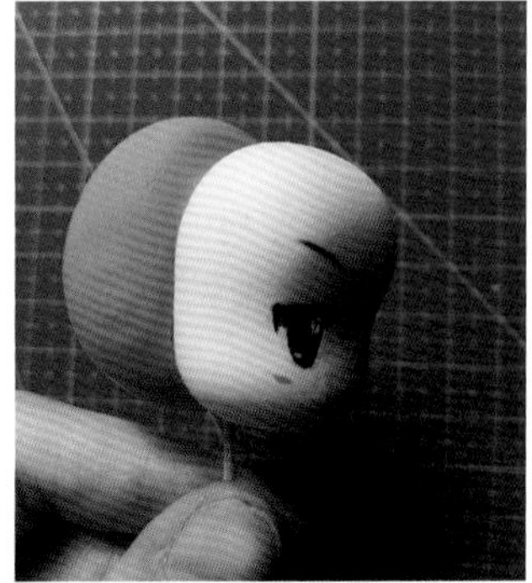

第十二步：制作一个半球形做人物的后脑勺

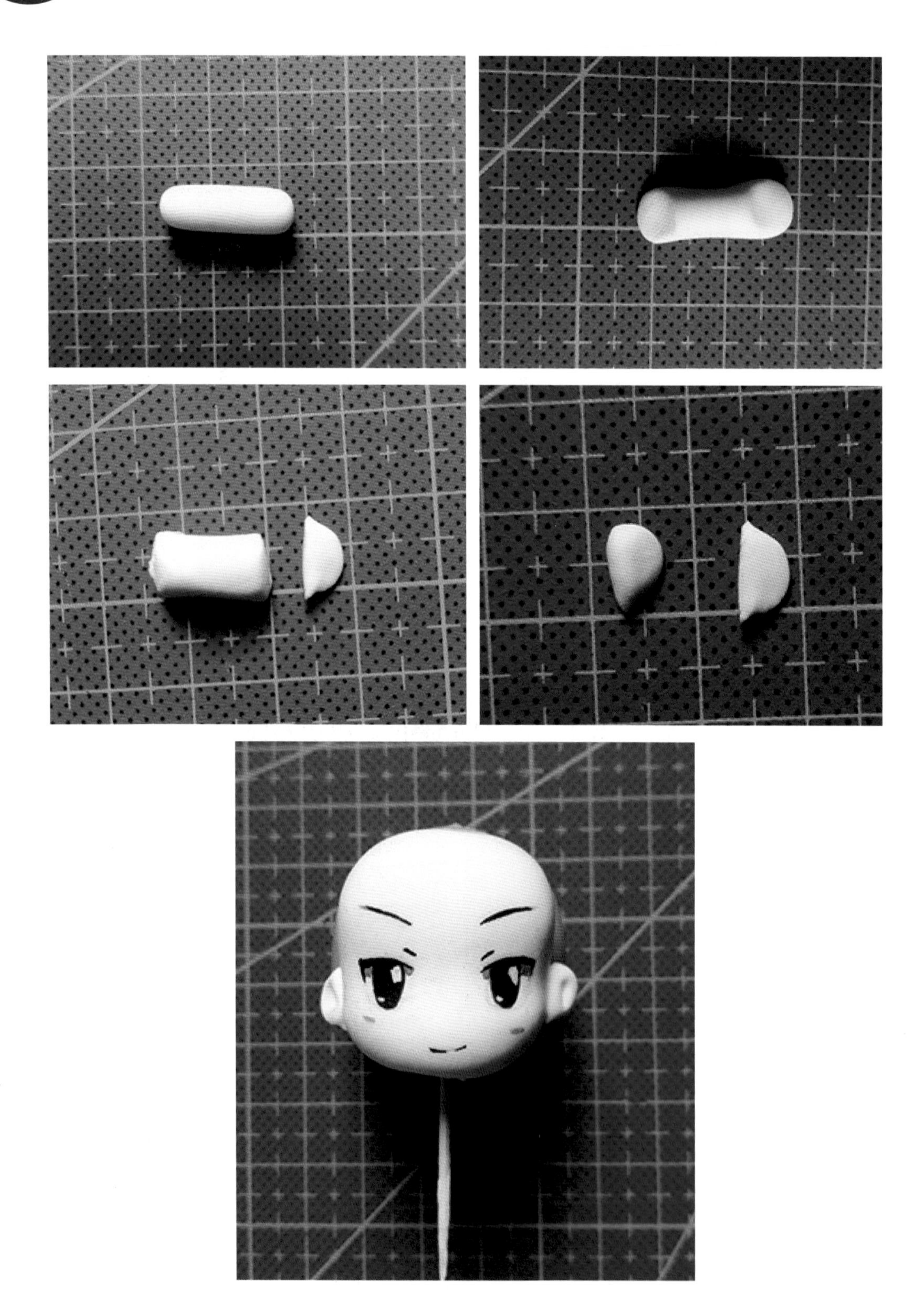

第十三步：制作耳朵。先把肉色黏土搓成圆柱状，用大拇指和食指轻轻捏圆柱的两端，将其捏成半圆形，再用剪刀剪下，调整半圆形一端直至平整，贴到脑袋上，用工具戳出耳洞

二、Q版人物头发制作

（一）丸子发型的制作

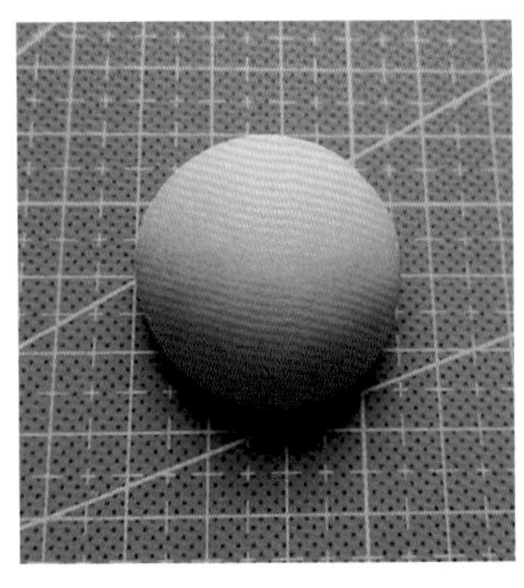

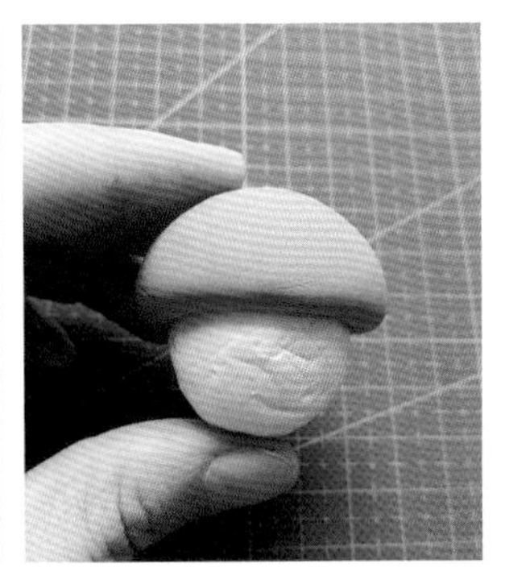

第一步：制作一个半球，并把半球套在白色泡沫球上（可以用乒乓球）

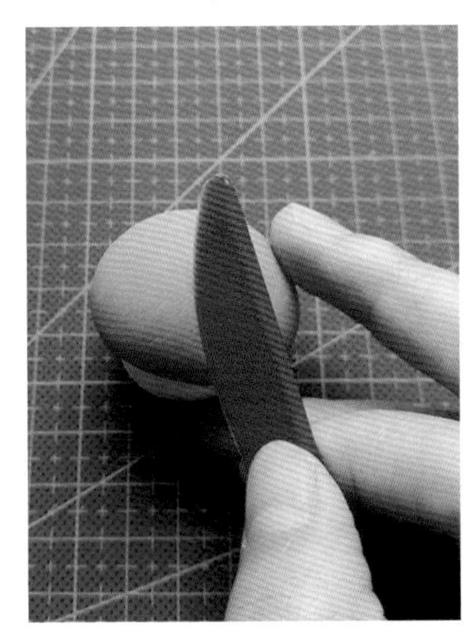

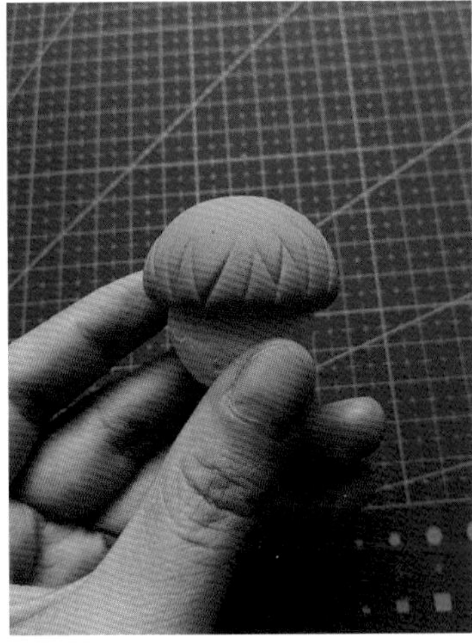

第二步：用刀形工具轻轻刻出头发的形状

第三步：用剪刀剪出头发的形状

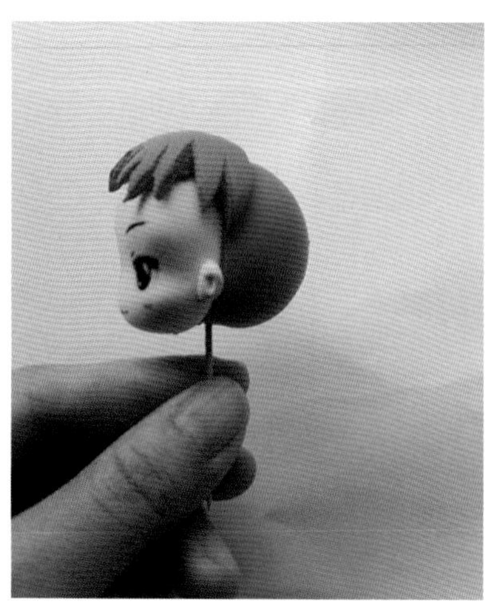

第四步：把剪好的头发贴到人物脑袋上

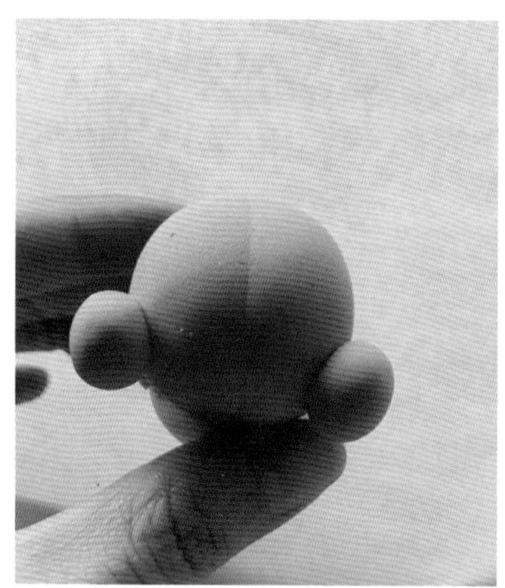

第五步：加上两个头发包，并用刀形工具印上发纹

头发完成后的效果

(二)披肩长发的制作

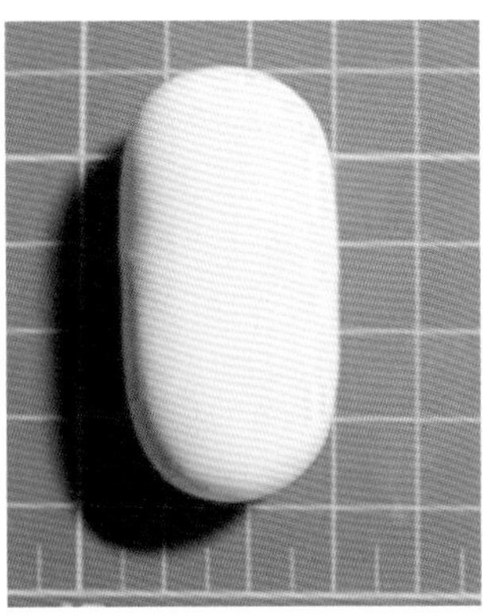

第一步：先揉个圆，再揉成圆柱状，然后轻轻地压扁

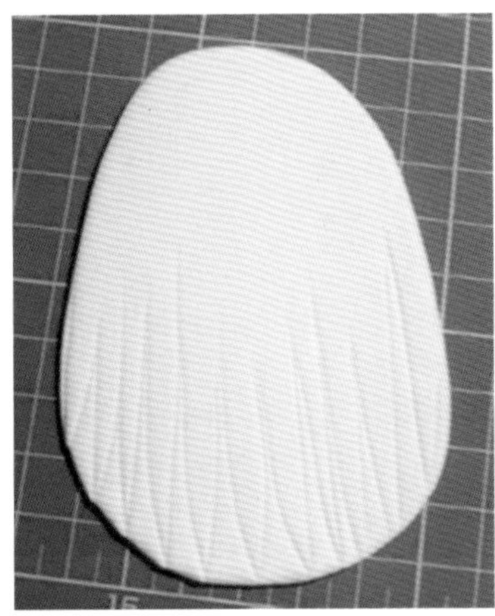

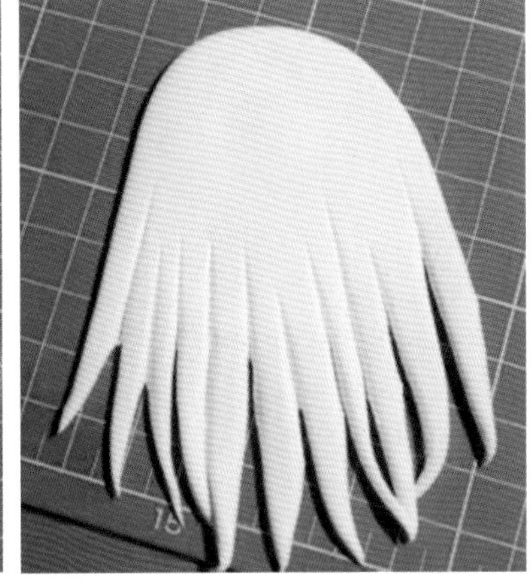

第二步：绘制头发的形状，再用剪刀剪出绘制的形状，这样就完成披肩长发的制作了

三、Q版人物发饰制作

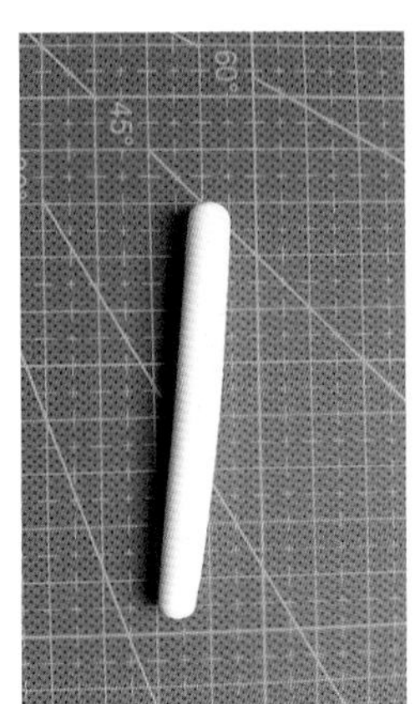

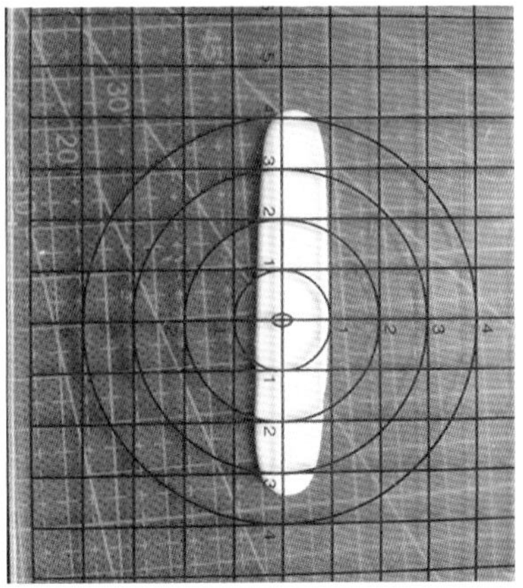

第一步：用白色的黏土搓成长条，用亚克力板轻轻压扁

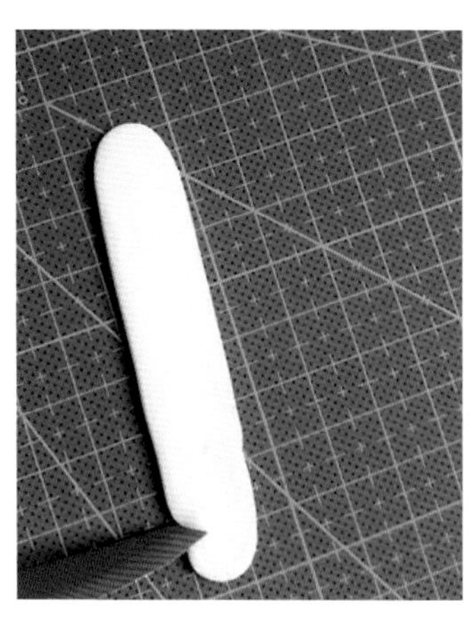
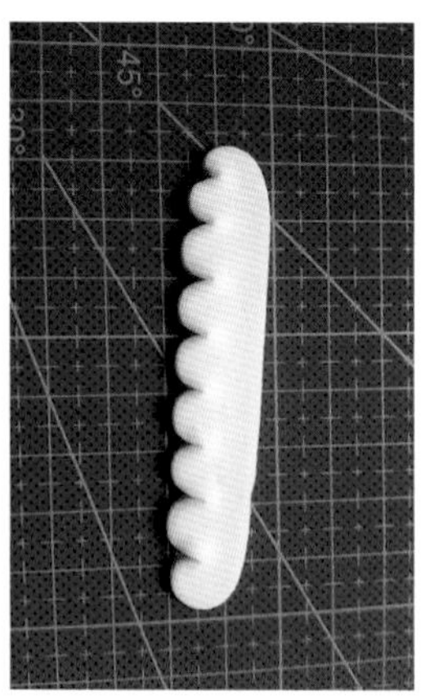

第二步：用刀形工具做成波浪状

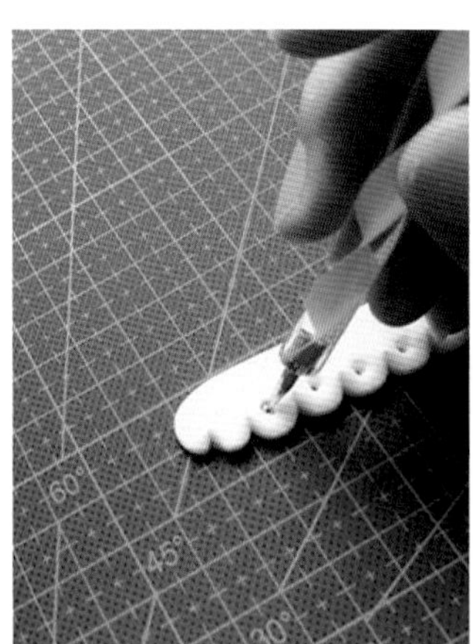

第三步：用工具给花边形的头饰戳上小孔

第四步：贴上头饰

※ 动动脑 动动手

（1）用超轻黏土制作一个 Q 版角色的头部。

第四节 Q版人物身体黏土制作

一、手臂和手的制作

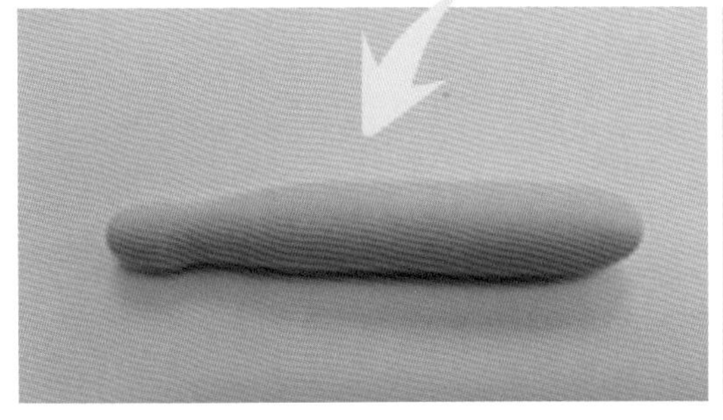

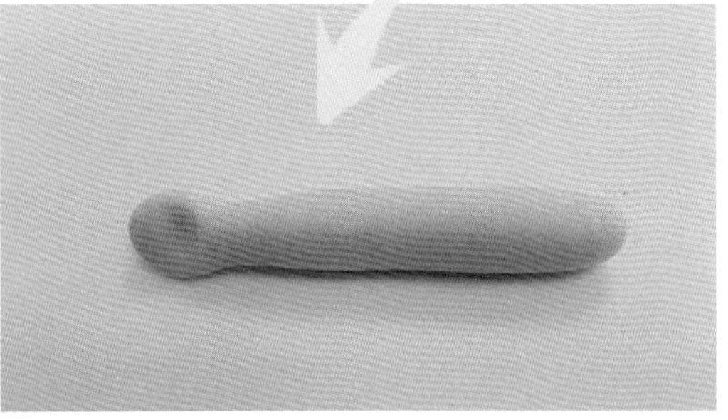

第一步：取适量黏土搓成长条状，前端搓细。用食指和拇指捏扁前端，使之成为手掌形状

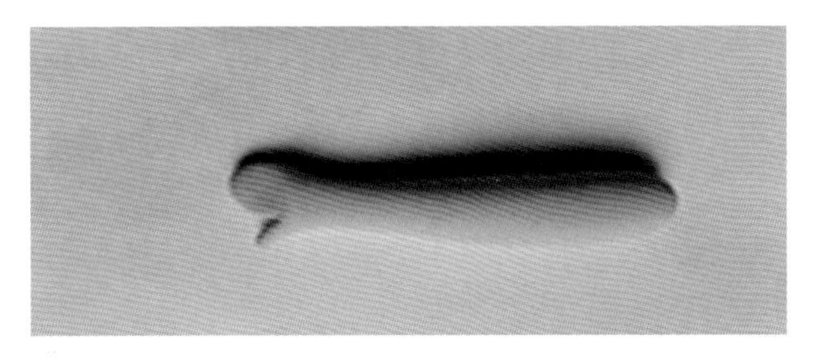

第二步：用剪刀剪出一个大拇指，做成手套状的手

第三步：也可以剪成5个手指的Q版手

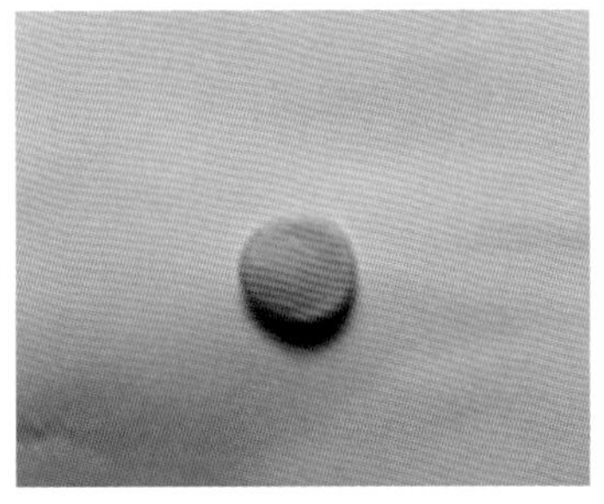

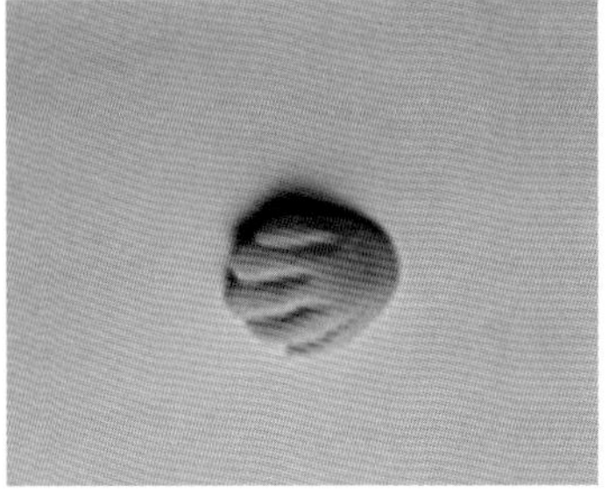

第四步：制作手掌。先压成扁圆形，然后用剪刀剪出5个手指

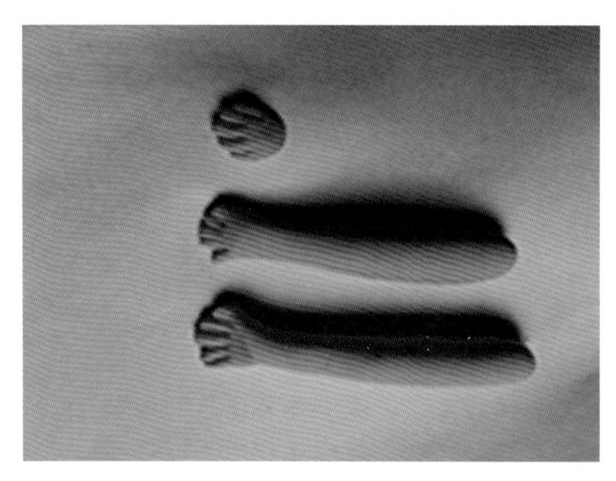

各种手的成品

二、腿的制作

（一）可爱的“小猪”腿制作

“小猪”腿非常可爱，胖胖的、圆圆的，常用在Q版2头身、3头身的角色形象上。

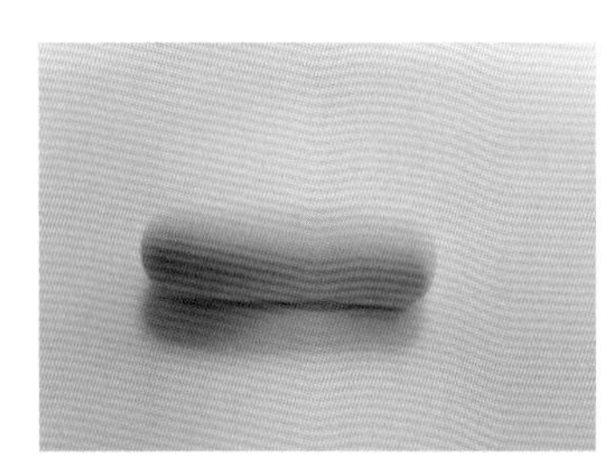
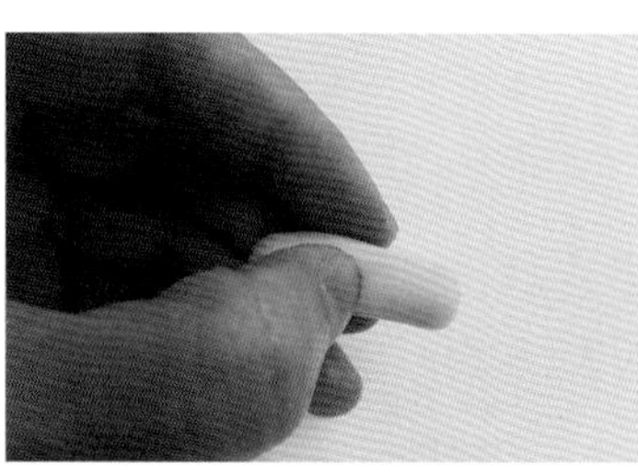
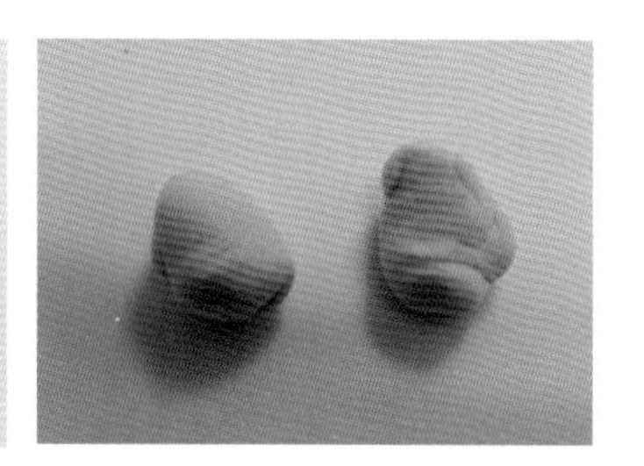

第一步：取适量黏土搓成圆柱状，分成大小基本相同的两份，使一双腿的大小长短尽量相同

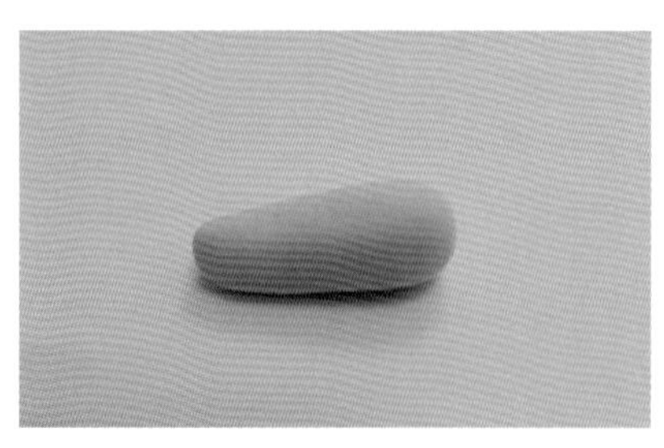

第二步：其中一块黏土搓成一头尖的胡萝卜状

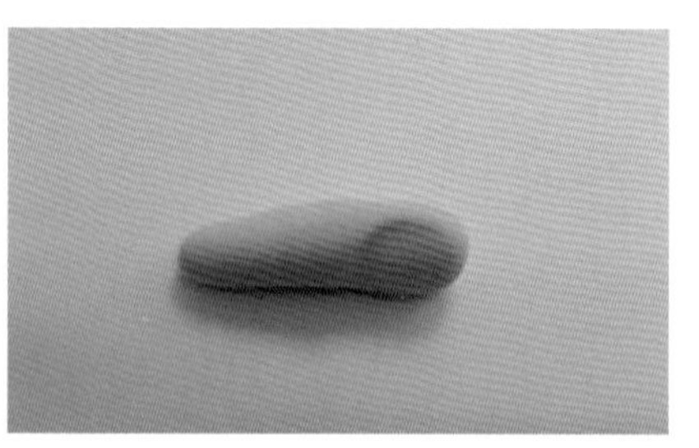

第三步：用大拇指和食指在三分之一处轻轻按出凹印，确定膝盖的位置

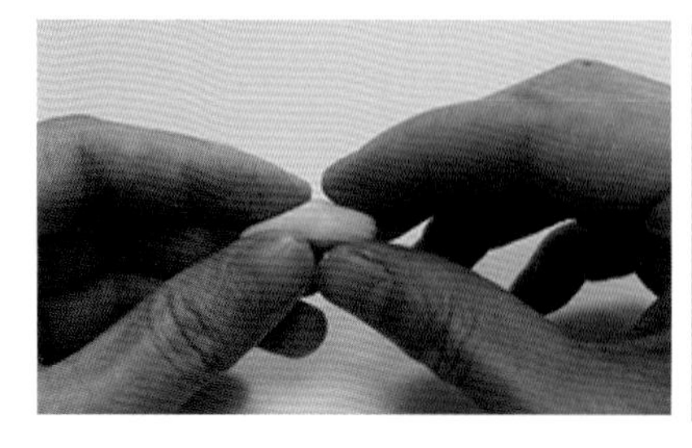
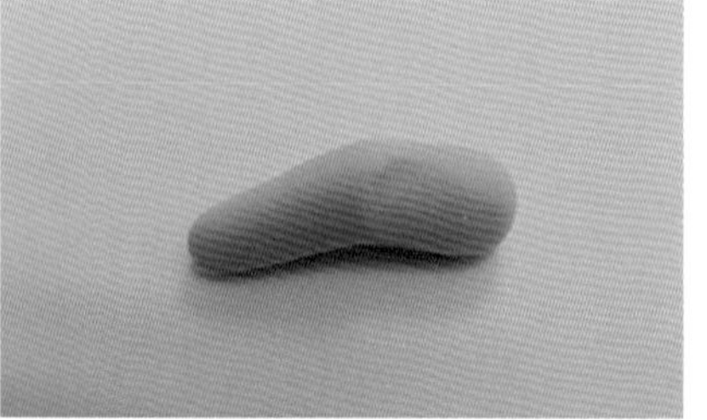

第四步：用左手食指轻轻往膝盖方向推，做成膝盖，并使过渡更平滑

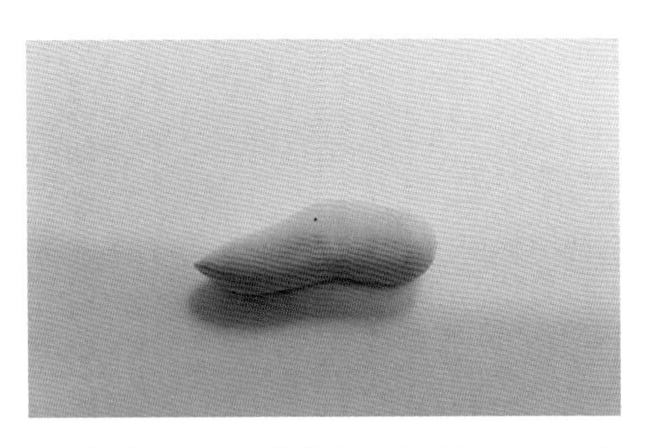

第五步：制作脚尖，调整整个腿的形状，使之圆润可爱

（二）较写实类腿的制作

写实类的腿的制作方法和上面的步骤基本相同，不同的是写实类的腿需要把脚的形状表现得比较具体。一般用在4头身的角色中。

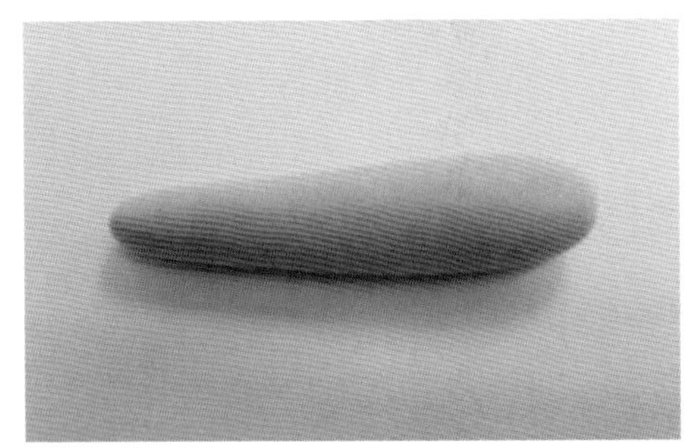

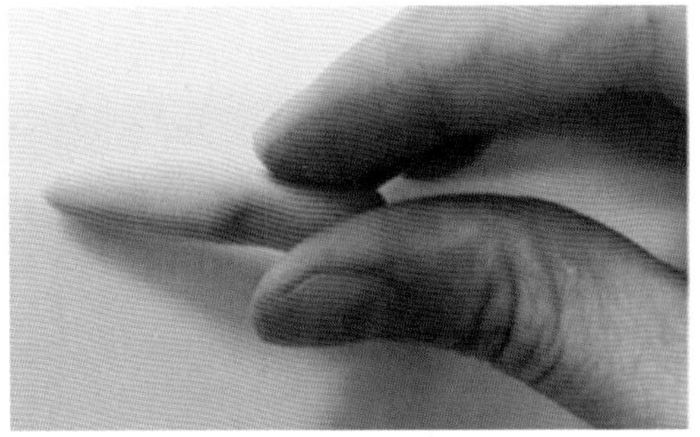

第一步：取适量黏土制作成胡萝卜的形状，在三分之一处轻轻按出凹印，确定膝盖的位置

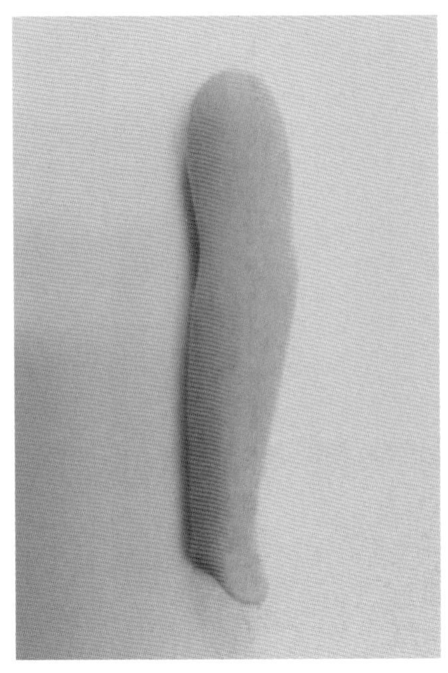

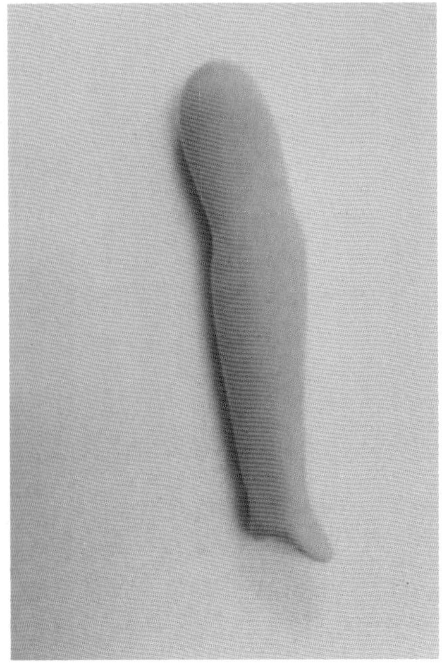

第二步：调整腿型

第五节　Q 版人物立体成型

一、案例：学生黄贾茵作品

我们讲解一下学生黄贾茵的作品。

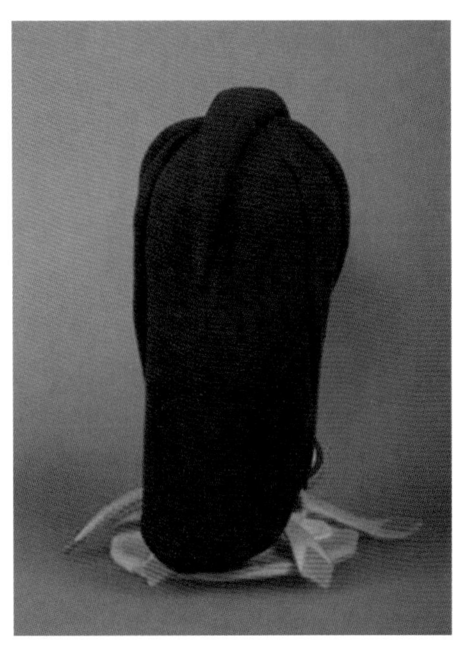

学生黄贾茵作品

(一)头部的制作

头部的制作步骤与前面讲的相同。先做包子脸型，再绘制眼睛，制作嘴巴，最后制作头发。

（二）身体的制作

1. 裙摆制作

(1) 裙摆制作的第一部分。

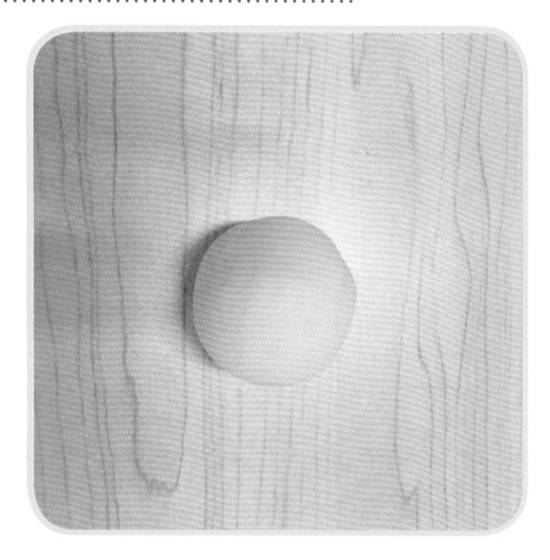

第一步：取适量黄色黏土，用力揉搓一会儿，挤出里面的空气和多余的水分，使成品更为光滑

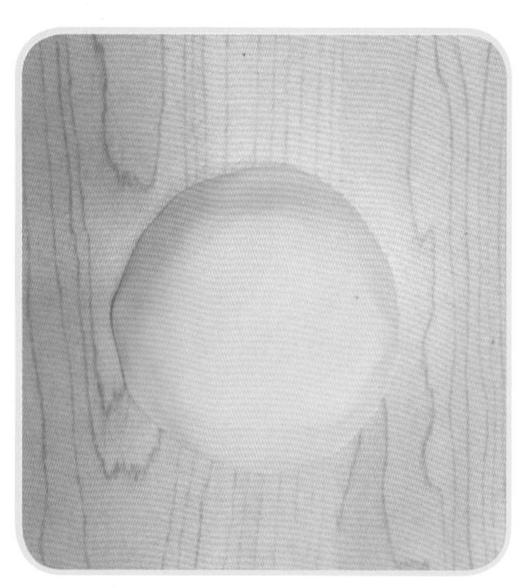

第二步：圆球揉搓好后，轻轻压扁，然后按压圆的边缘将其做成图中的样子，作为整个人偶的底座

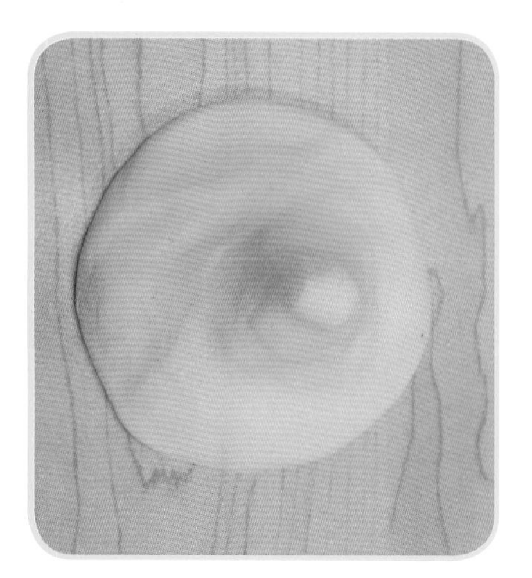

第三步：在底座的中心用手小心地捏出一个如图所示的突起。做好后放在一边

(2) 裙摆的制作第二部分。

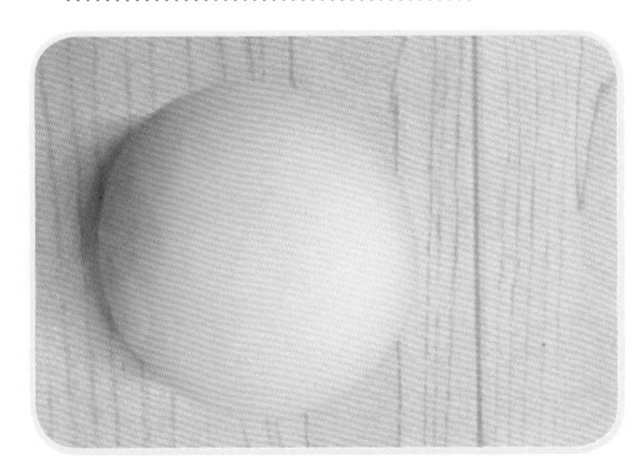

第一步：取适量黄色黏土，揉成一个圆球

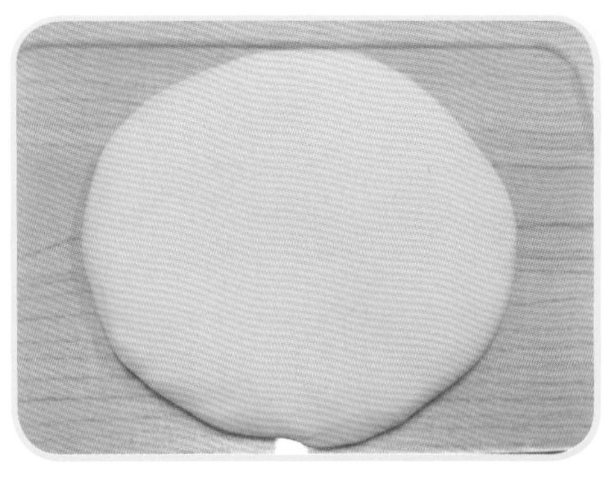

第二步：用力压扁，使其面积比底座稍大

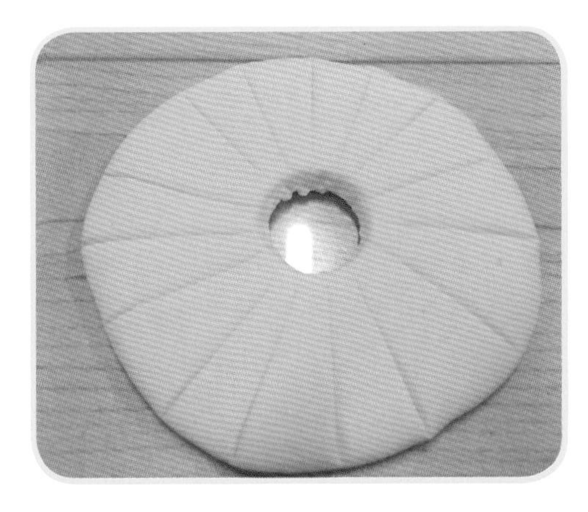

第三步：用工具在圆心挖一个圆，其大小要能通过底座的突起部分。再在圆饼上画出裙摆的花纹

第四步：把做好的裙摆对准底座的突起部位，套下去

第五步：用手在连接处轻轻按压，效果如图

(3) 裙摆的制作第三部分。

第一步: 取适量白色黏土揉成球

第二步: 用力压扁，做出一个较扁的圆饼

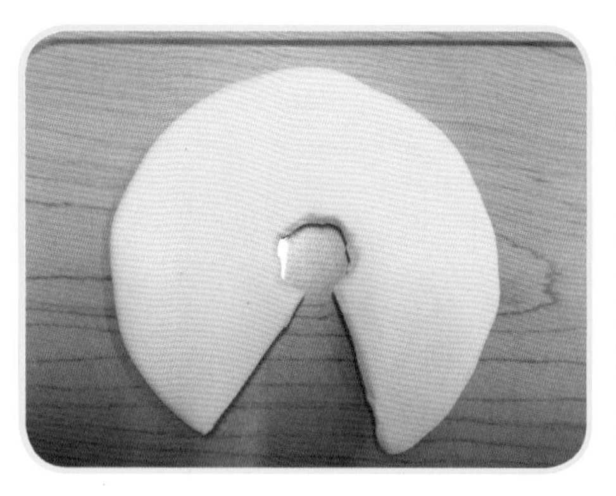

第三步: 用工具先在圆中心挖掉一个小圆，其大小要能通过底座的突起部分。再用剪刀剪出如图所示的样子

第四步: 用剪刀剪出图中的样子。注意尖头方向，两边要对齐

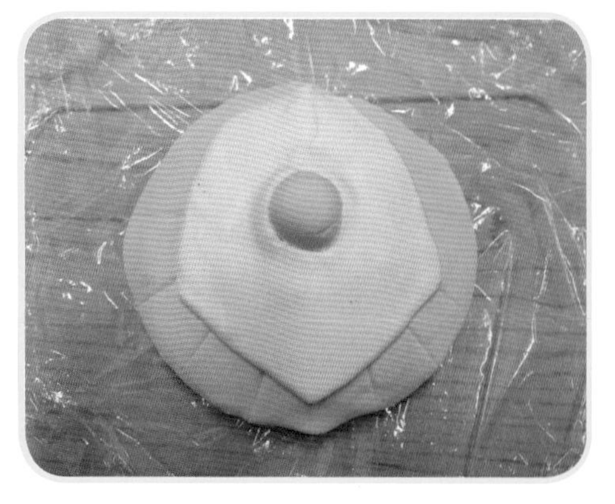

第五步: 把白色的裙摆穿过底座的突起，调整好后将其两边粘连起来

第六步: 取黄色黏土，按前面五个步骤做出一个更小的黄色裙摆

2. 裙摆装饰

(1) 裙摆装饰的第一部分。

第一步：取少量橘红色黏土，揉成小球

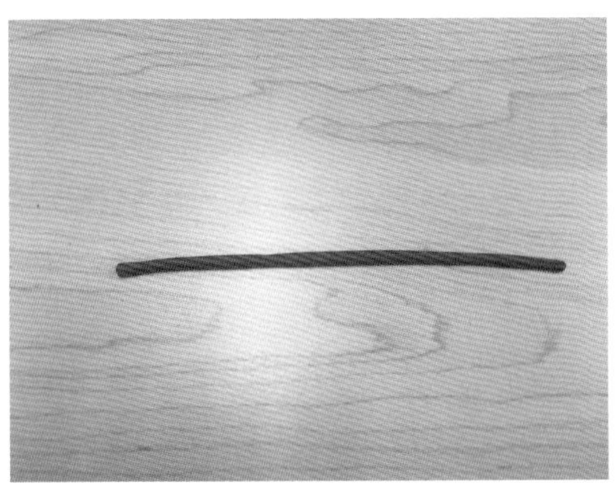

第二步：搓成一个细长条，然后用工具轻轻压扁

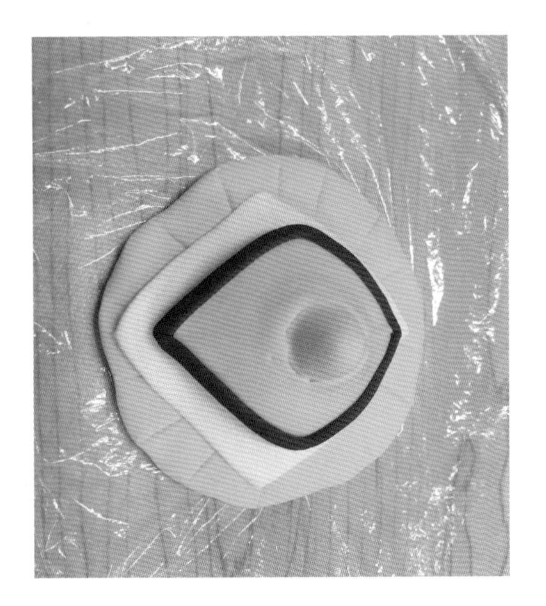

第三步：小心地把橘红色细扁黏土条粘到黄色的小裙摆上。橘红色细扁黏土条要和裙摆的边缘对齐，一定要仔细哦，做好后放在旁边待用

(2) 裙摺装饰的第二部分。

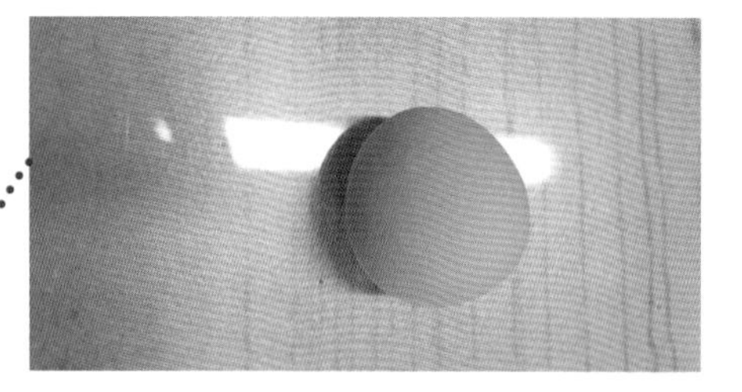

第一步：取适量的橘黄色黏土，揉成圆球

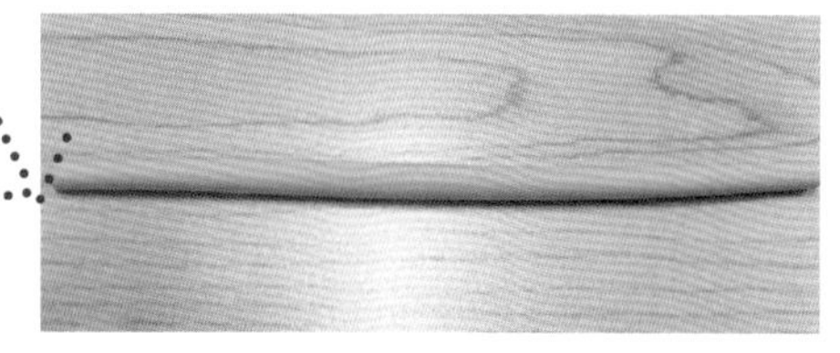

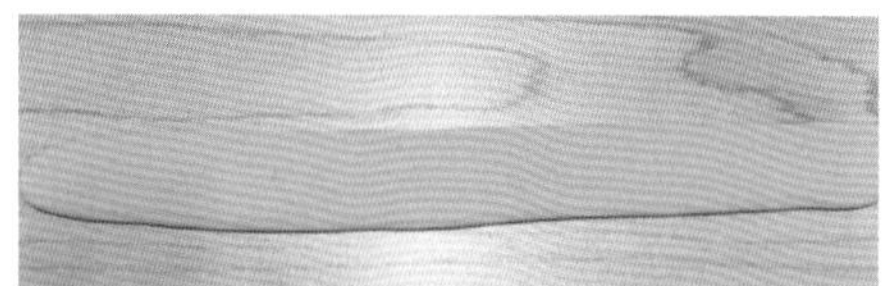

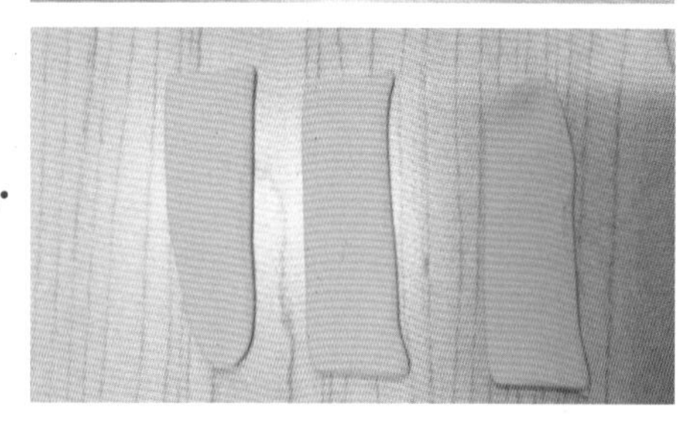

第二步：搓成细条后用力按扁，用工具等分成三份

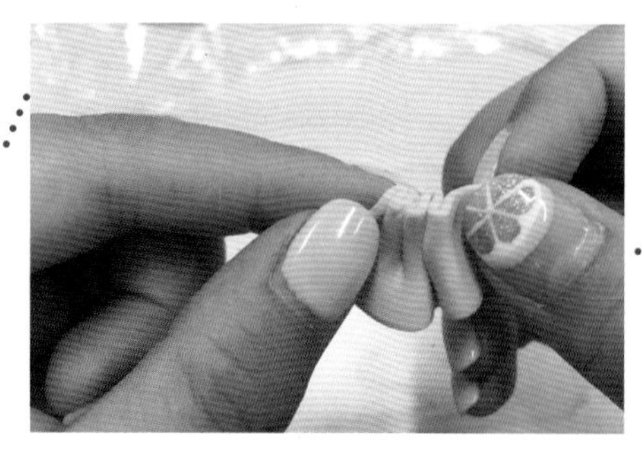

第三步：两只手的拇指和食指捏住黏土的两头向内叠拢，如图所示，做出漂亮的褶皱

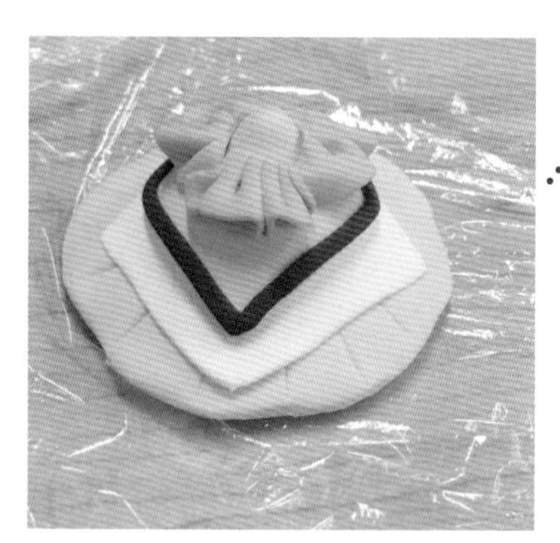

第四步：如图，沿底座的突起部分一圈粘贴好，粘好后放在旁边待用

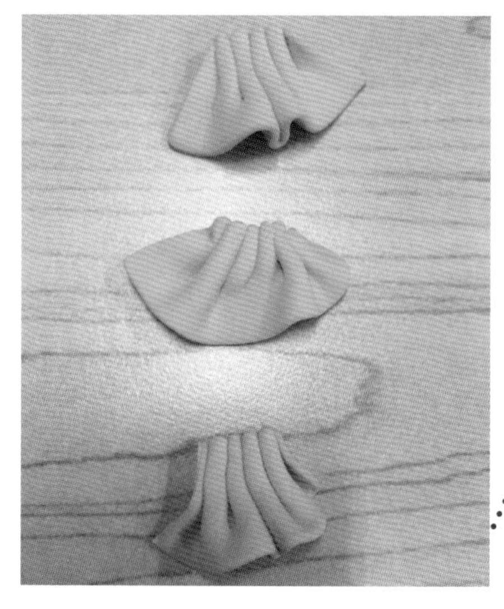

第五步：按同样的方法把剩下两部分的也做好

3. 腰的制作

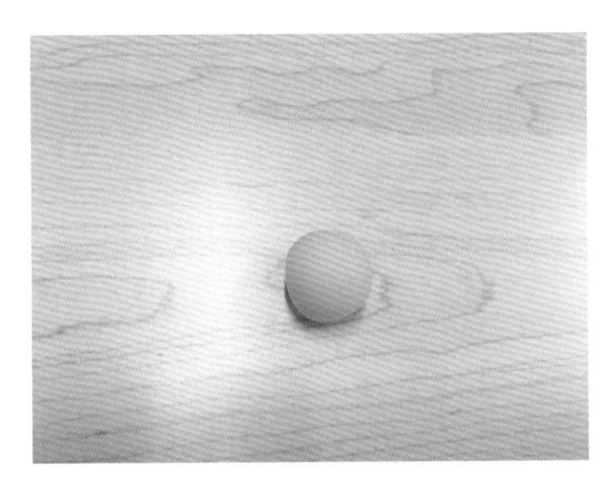

第一步：取适量的橘黄色黏土，揉成圆球

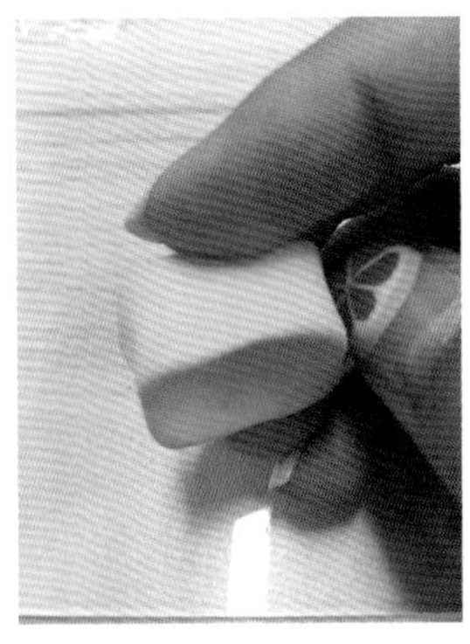

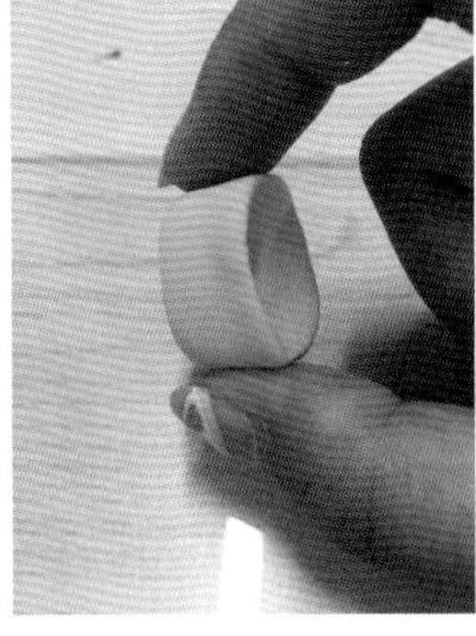

第二步：小心地把圆球捏成上宽下窄的立方体

第三步：然后用拇指在上下两个面向内轻轻按压至凹陷

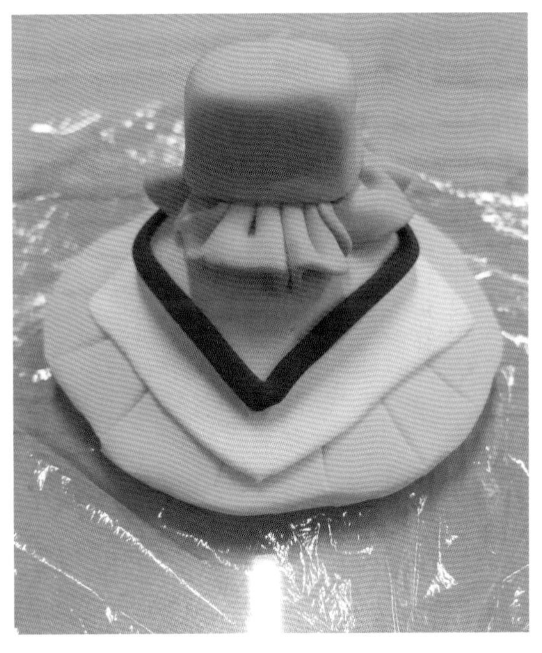

第四步：放在腰部裙子上面，可以用胶水和牙签进行连接，以免后面掉落

4. 抹胸的制作

第一步：取适量白色黏土揉成球

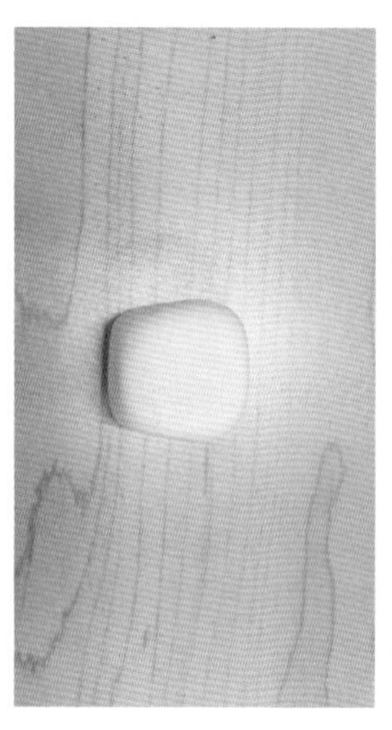

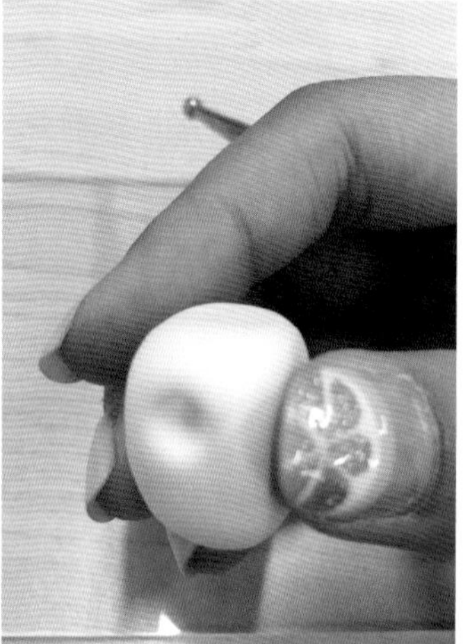

第二步：小心地把圆球捏成上宽下窄的立方体。然后用拇指在宽面向里轻轻按压至凹陷。再用工具在左右袖子位置处戳出两个凹陷

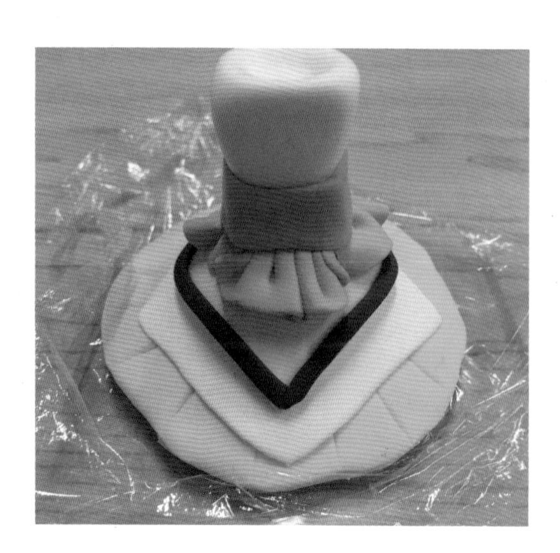

第三步：把制作好的抹胸小心地粘在前面做好的腰上

5.飘带的制作

第一步：取适量黄色黏土，揉成一个圆球

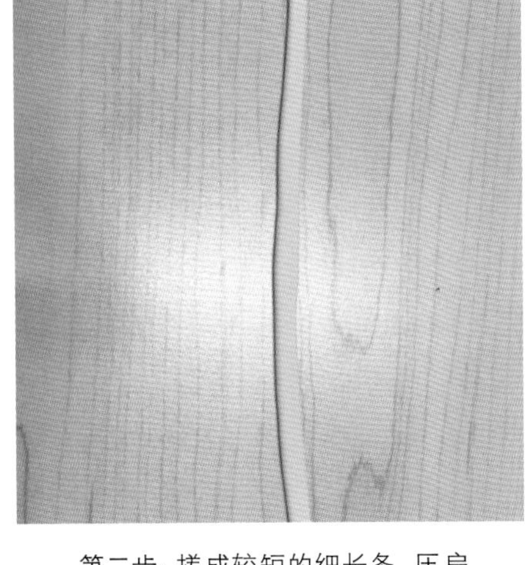

第二步：搓成较短的细长条，压扁

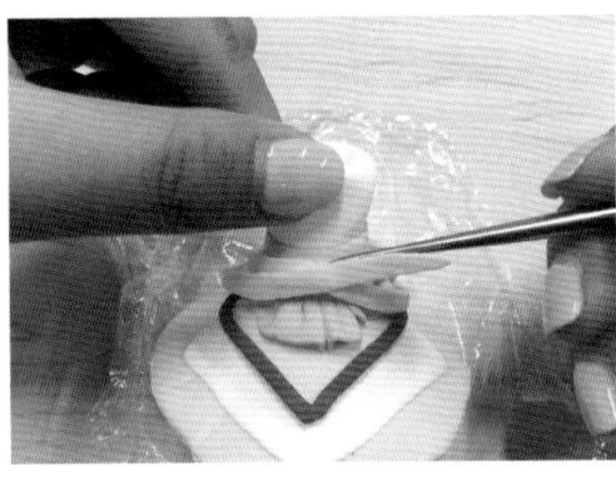

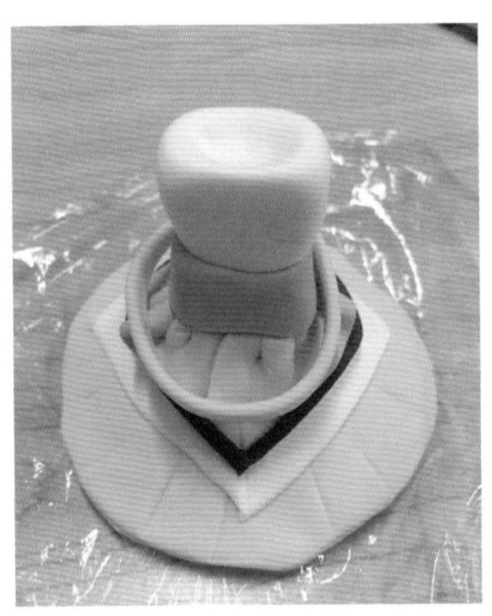

第三步：用镊子小心地将小长条粘到腰上（注意背后不要粘死），背后样子如图所示

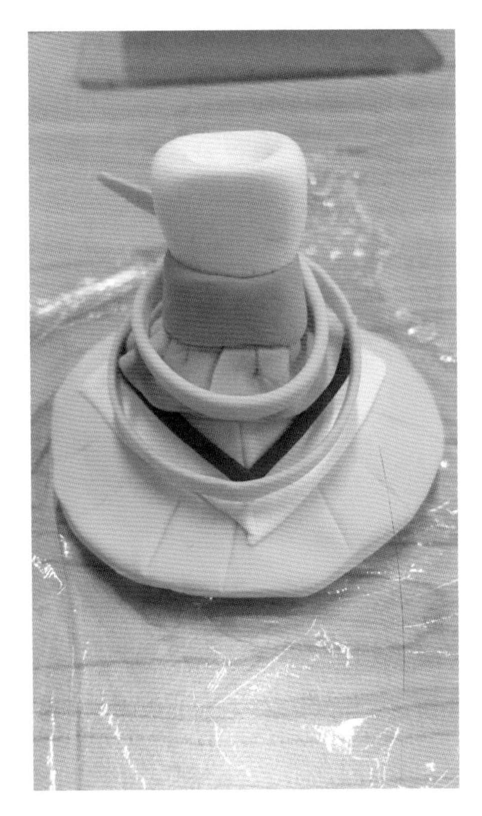

第四步：重复前面三个步骤，再制作一条较长的细长条，作为大飘带

第五步：取适量黄色黏土，揉成一个圆球

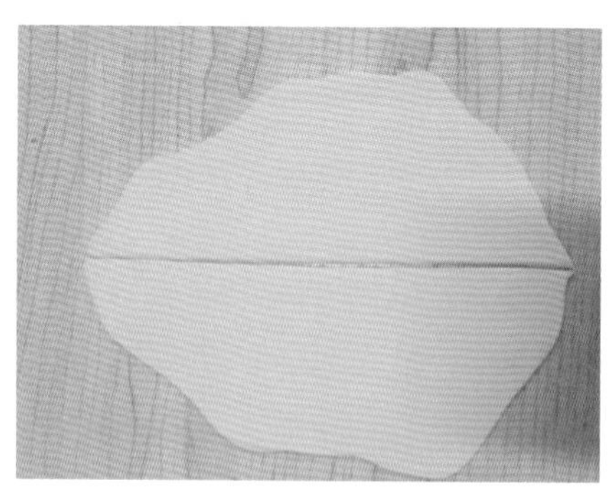

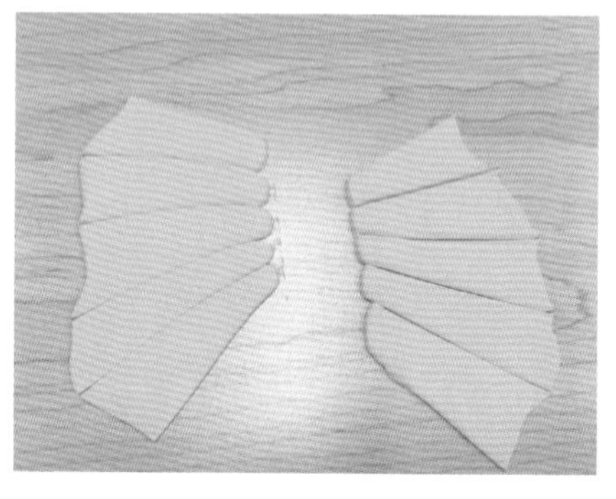

第六步：用玻璃棒将圆球压平后，用工具分成两份。然后每份再分成五份

第七步：挑出五份形状相对校好的黏土。用剪刀修剪成 5 条飘带雏形

第八步：在飘带底部剪出如图所示的形状

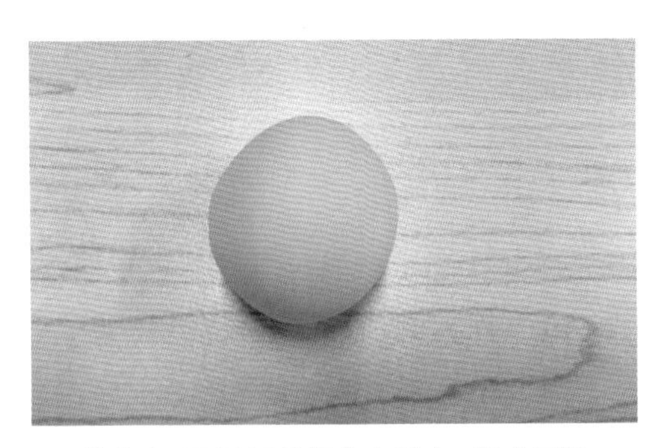

第九步：取适量的橘黄色黏土，揉成圆球

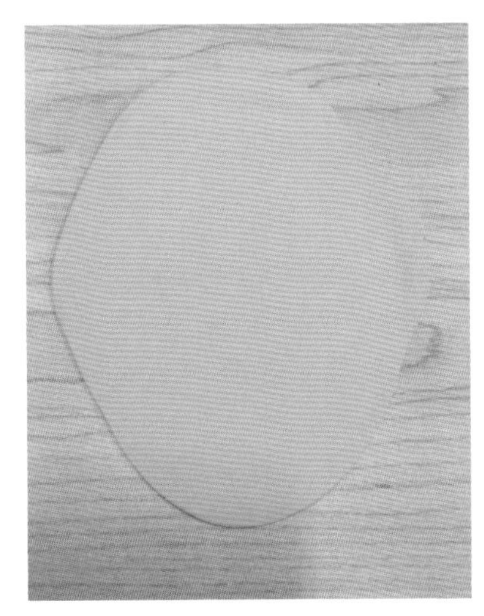

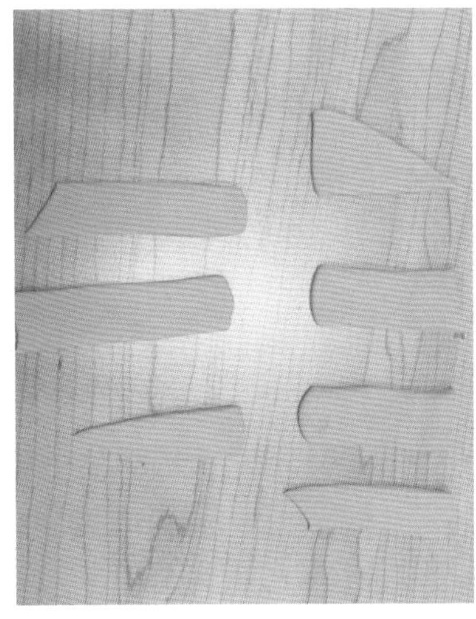

第十步：用玻璃棒压平，分成七份

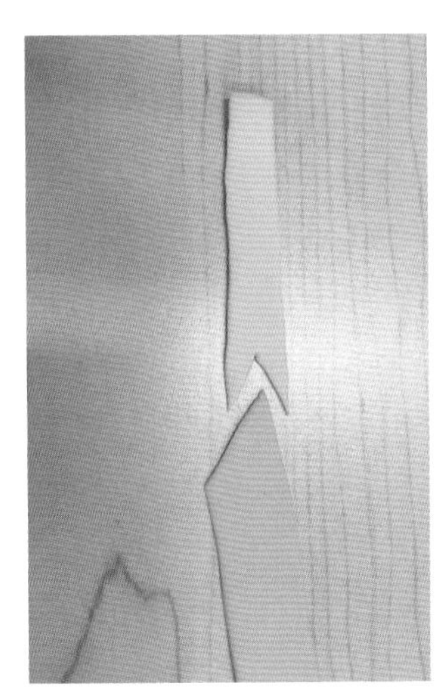

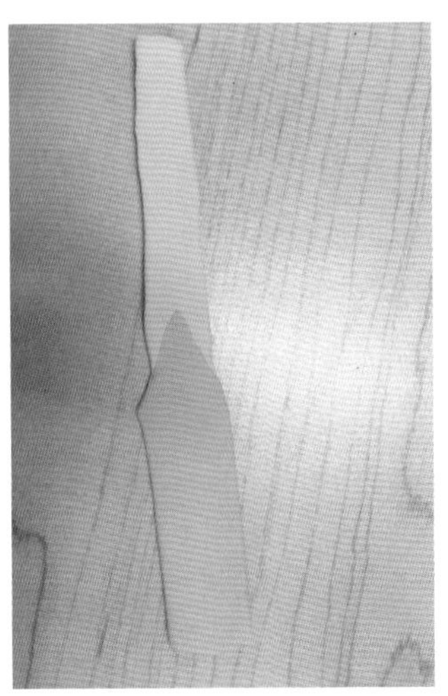

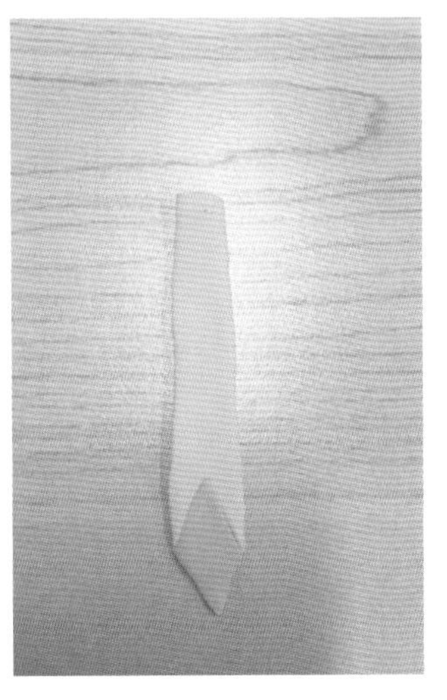

第十一步：用剪刀把橘黄色的黏土修剪出尖头，和黄色的黏土对接粘好后，剪掉多余的黏土。再按相同的方法制作好剩下的4条飘带

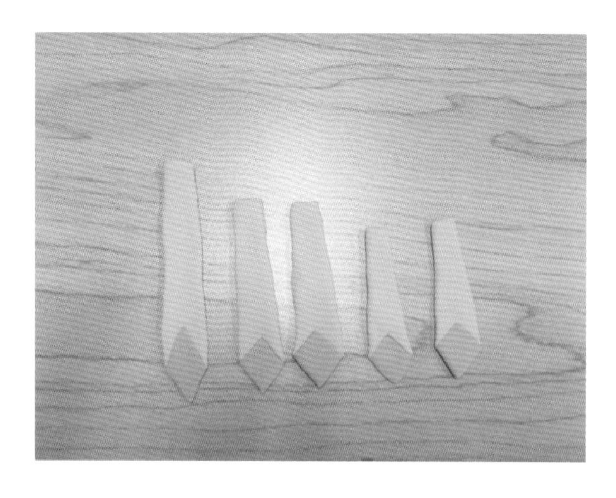

第十二步：制作好的飘带如图所示

第十三步：把最长的一根飘带粘在腰部后面中间处，用来遮住环绕飘带的连接处

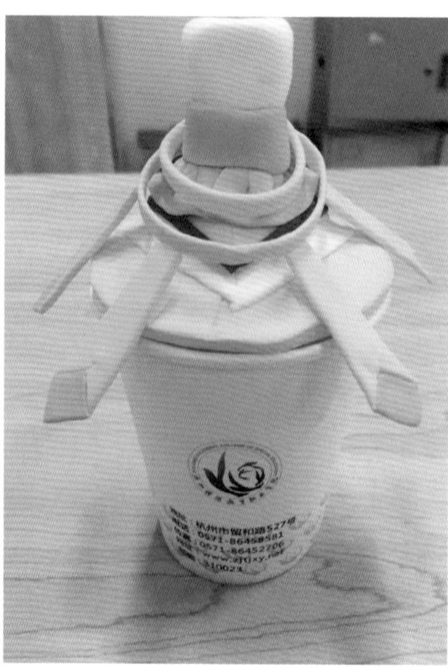

第十四步：如图所示，剩下的4根飘带短的粘后面，较长的粘左右两边。做好后放在旁边待用

6.手臂的制作

第一步：取适量白色黏土揉成两个等大的圆球

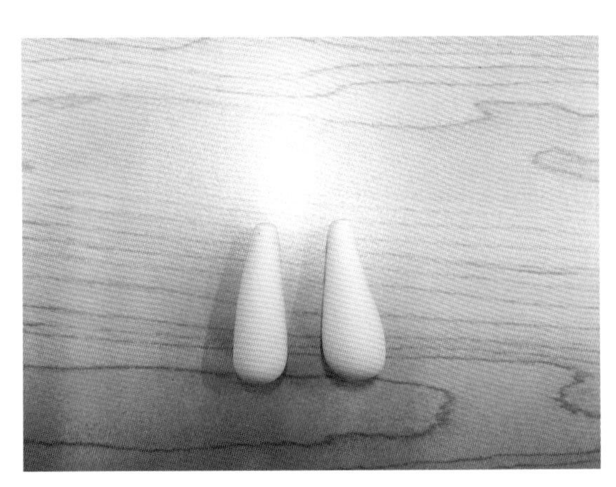

第二步：将圆球搓成上尖下圆的水滴形状，然后把圆的底部向下按压，压平，做成袖子的大袖口，再用工具在袖子上按压出褶皱

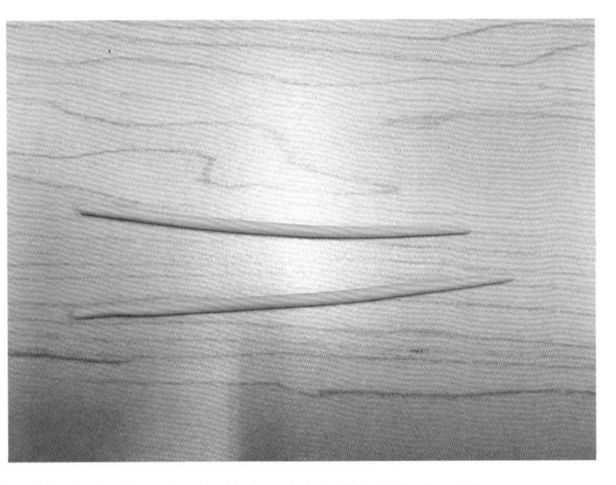

第三步：取少量的橘黄色黏土，揉成圆球。然后搓成细条并压扁，用来做袖子的装饰

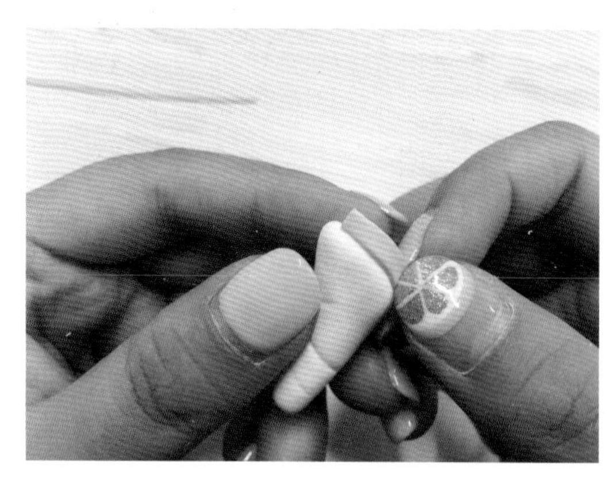

第四步：把黄色细条黏土粘在袖子的袖口上，绕一圈

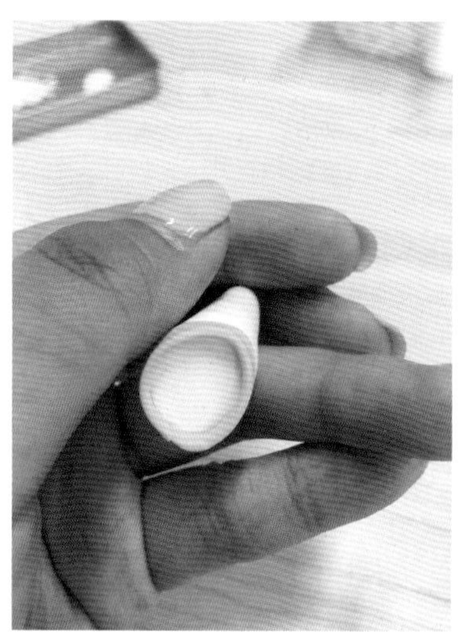

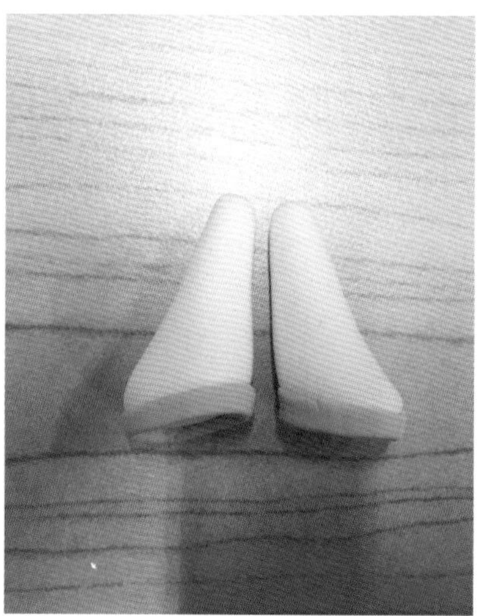

第五步：加上黄条后的效果

第六步：取少量橘红色黏土，揉成小球

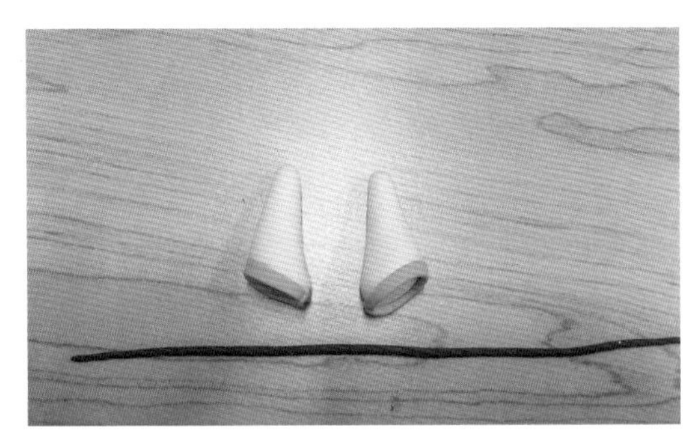

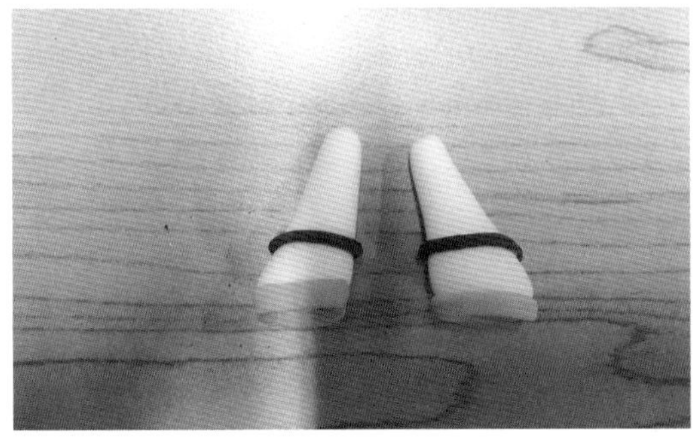

第七步：搓成细条压扁后分成两份分别粘在两个袖子上

第八步：将粘好后的袖子小心地粘在抹胸左右两边凹陷的地方

7. 肩膀、脖子的制作

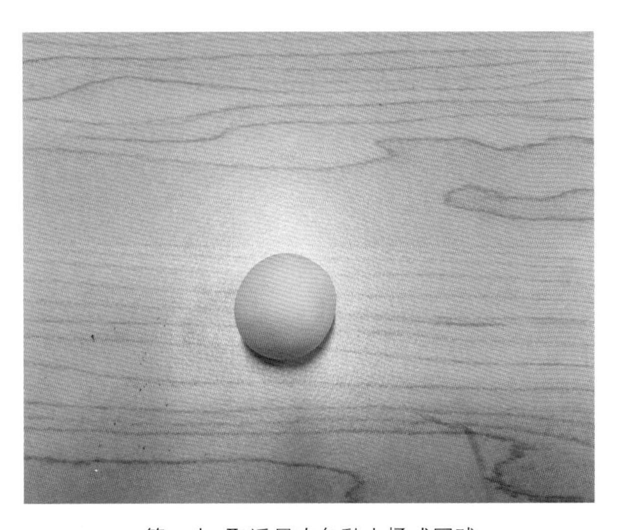

第一步：取适量肉色黏土揉成圆球

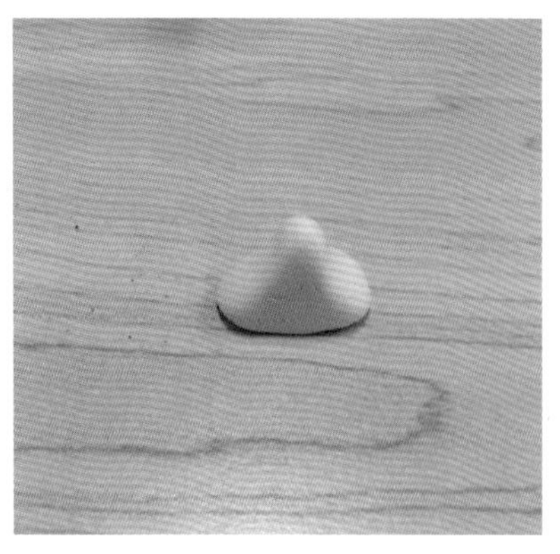

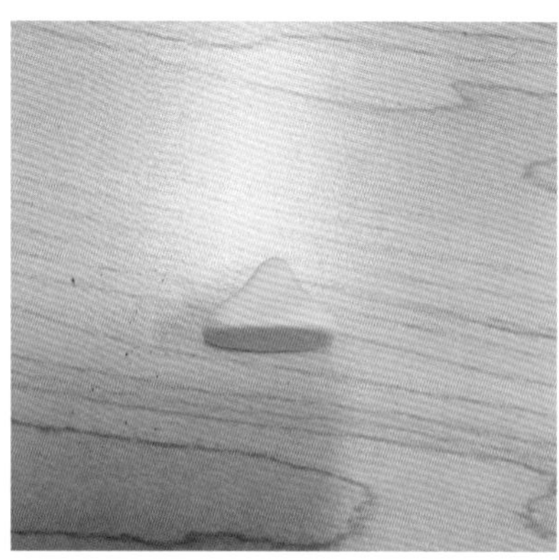

第二步：先将圆球稍微按扁，然后小心地捏出“山”的形状。宽度和厚度尽量和抹胸的上宽处吻合。

第三步：将肩膀和脖子放在抹胸上，仔细调整大小和宽度

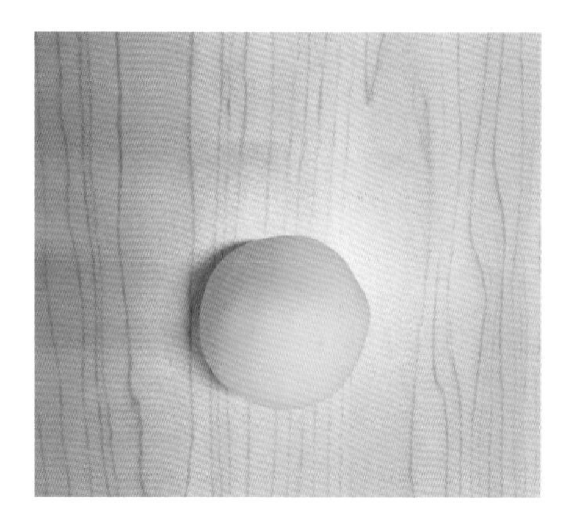

第四步：取适量黄色黏土揉成圆球

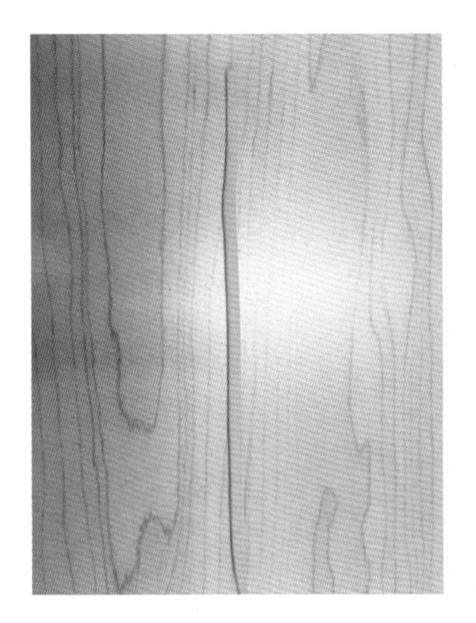

第五步：搓成细条压扁，分成一长一短两部分

第六步：用短的细条遮住肩膀和抹胸的连接处，用长的细条来装饰短的细条。到这里，人偶的身体部分全部完成，身体制作完成后把脖子适当剪平，用牙签将其和头部连接，再用胶水固定

※ 动动脑　动动手

（1）制作Q版人物的身体部分。

二、案例：学生候昌圳作品

学生候昌圳作品

下面我们讲解一下这个人物的制作。

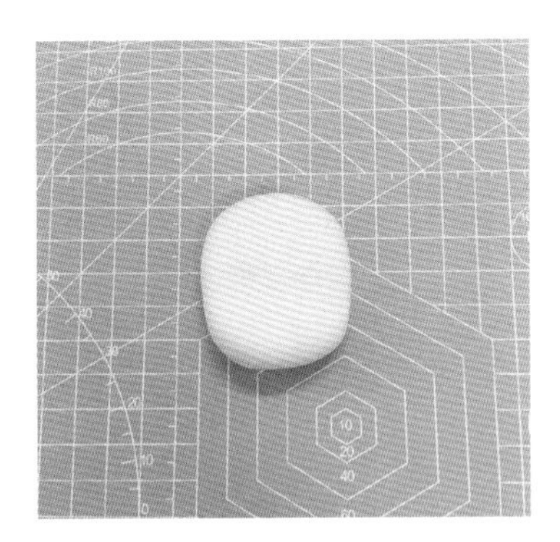

第一步：用大拇指的侧边按成脸的形状

第二步：制作身体部分

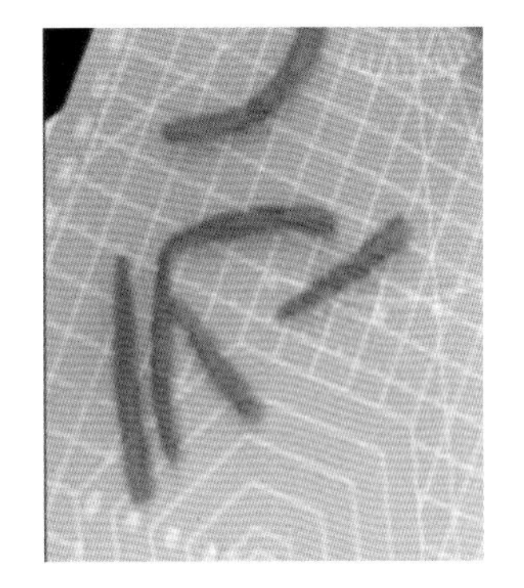

第三步：将黏土搓成长条

第四步：把长条粘在衣服的上端

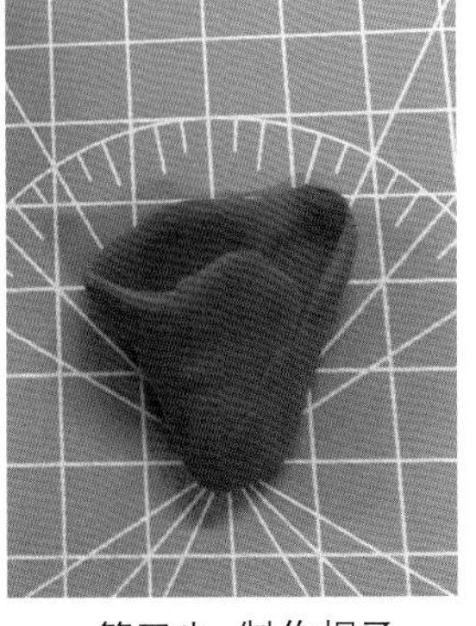

第五步：制作帽子

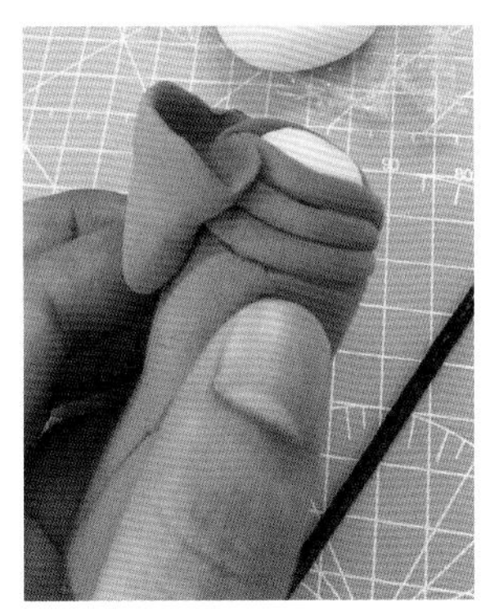

第六步：在衣服后面粘上帽子

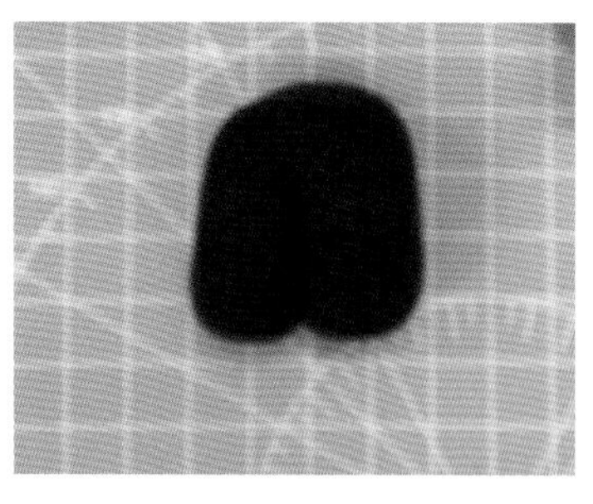

第七步：用黑色黏土做裤子

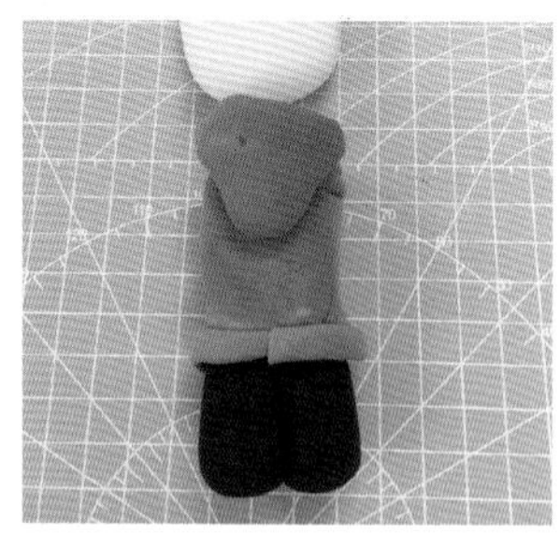

第八步：把裤子和身体相连

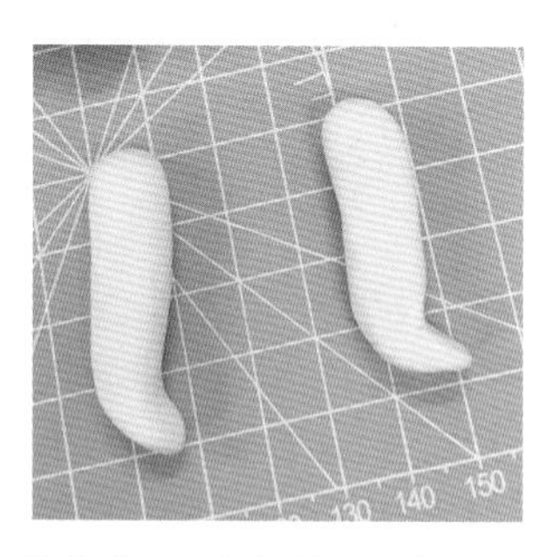

第九步：用肉色的黏土做下肢

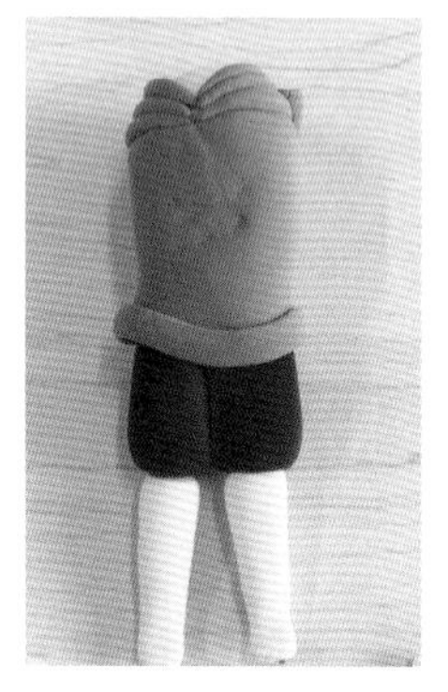

第十步：把腿连接到身体上

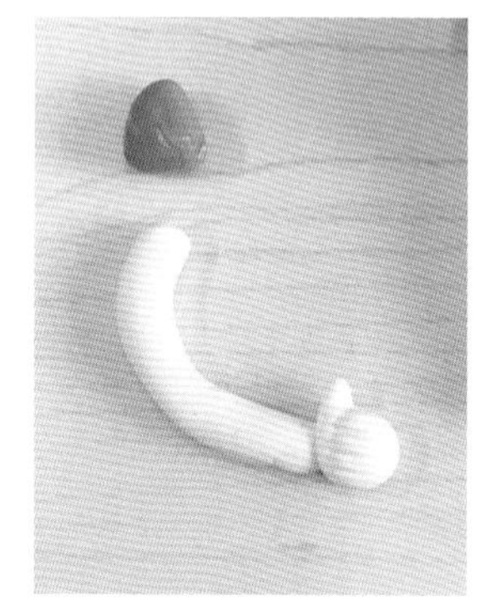

第十一步：制作手臂和手套形的手

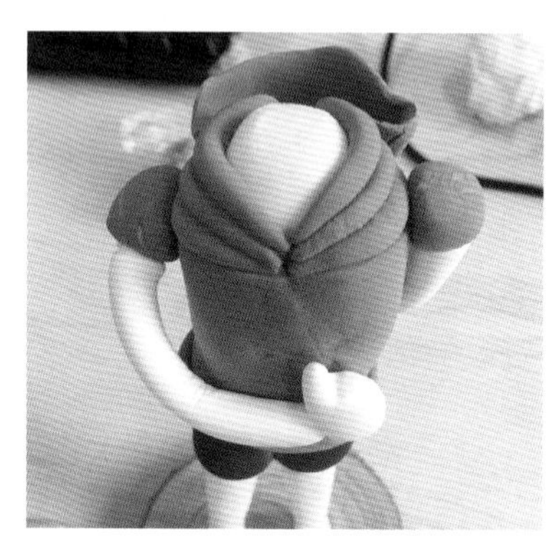

第十二步：身体装上四肢后的效果

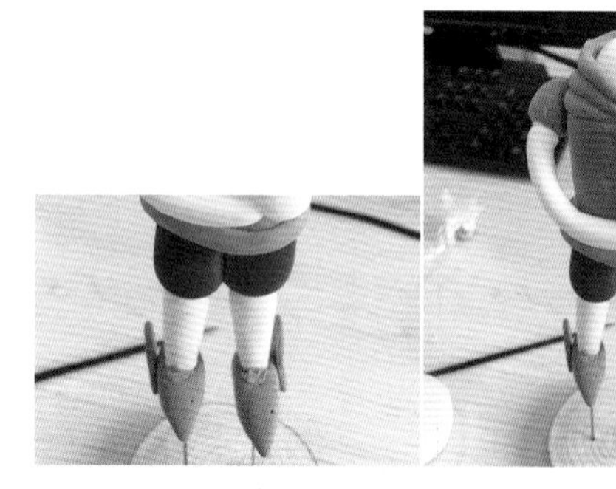

第十三步：做一双与角色搭配的鞋子

第十四步：头部已经基本干燥，可给头部加上头发

第十五步：给头部加上背面的头发

第十六步：用牙签把头部和身体组接起来

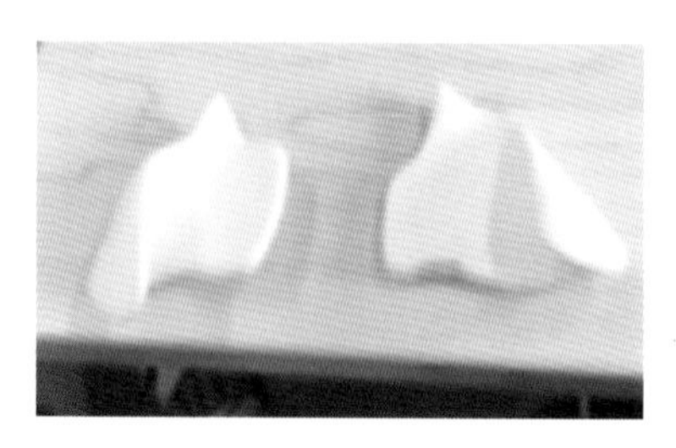

第十七步：制作两个翅膀

第十八步：装上翅膀后的正面效果

第十九步：装上翅膀后的背面效果

第二十步：粘贴翅膀上的羽毛

三、案例：学生吴诗佳作品

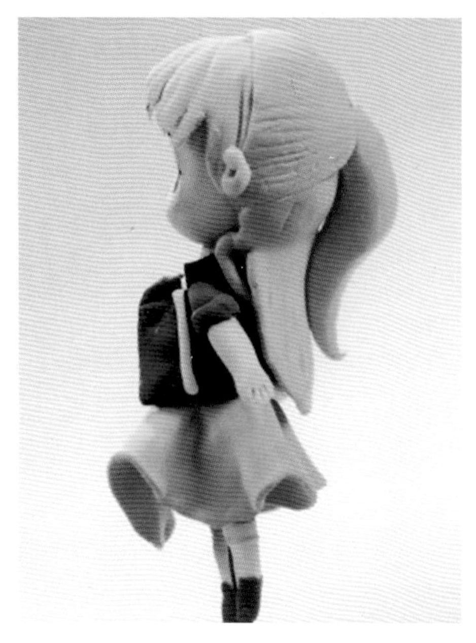

学生吴诗佳作品

下面我们来讲解一下吴诗佳作品的制作。

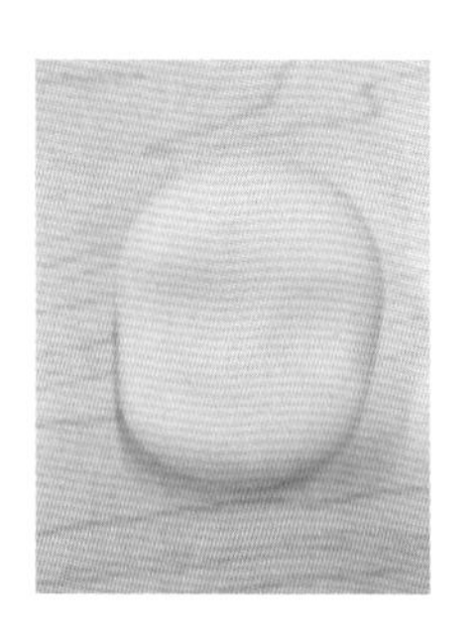

第一步：取适量黏土揉成圆球，按压到适当的厚度

第二步：用大拇指的侧边按出脸的形状

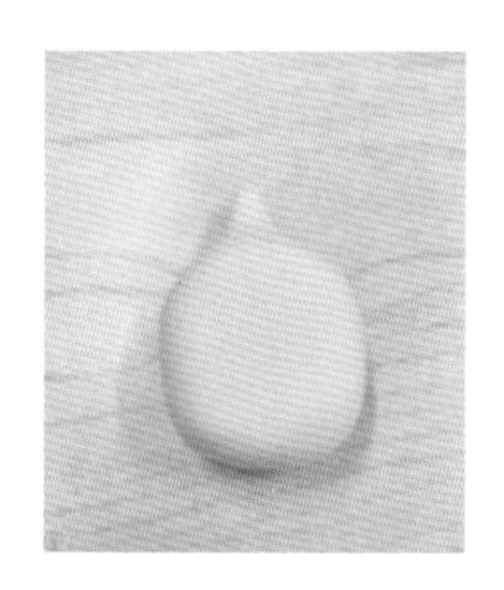

第三步：先揉一个圆球，适当压扁调整形状，再在上部揉搓出尖尖的形状，作为脖子

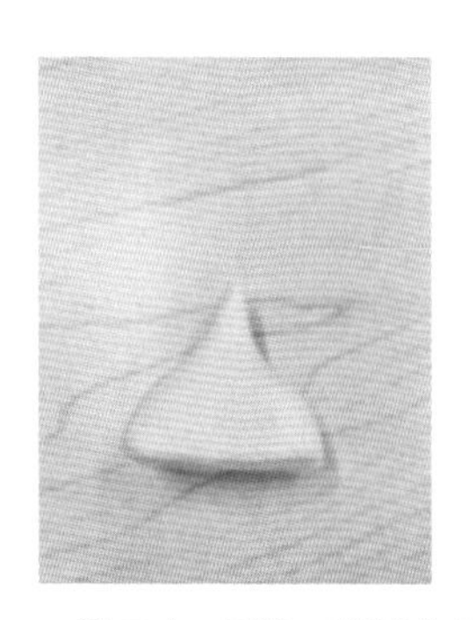

第四步：用剪刀剪掉多余黏土

第五步：揉一个黄色圆球将其按压到合适的厚度做身体

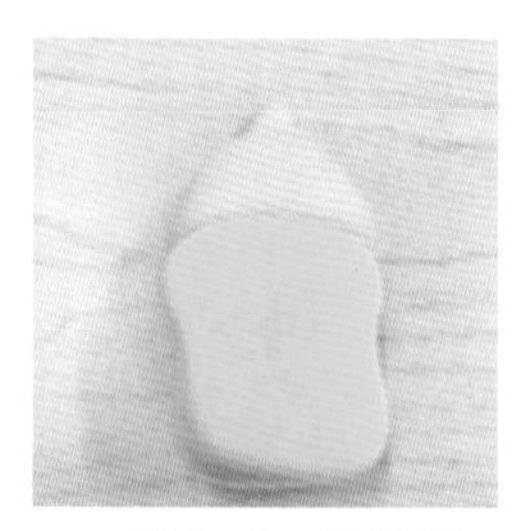

第六步：将脖子和身体连接在一起

第七步：用白色黏土揉成圆球的形状，轻轻压扁，调整成短裤形状

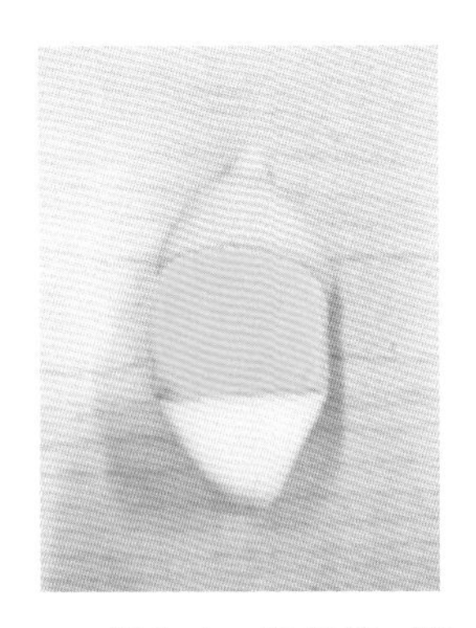

第八步：将短裤、脖子与身体相连

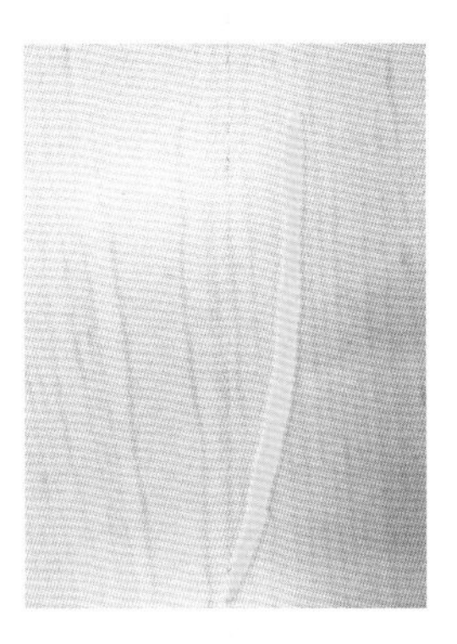

第九步：将黏土搓成长条压扁

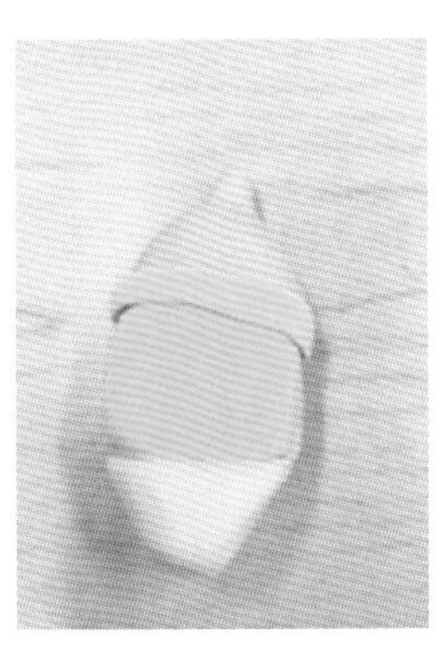

第十步：在身体和脖子的连接处粘上长条

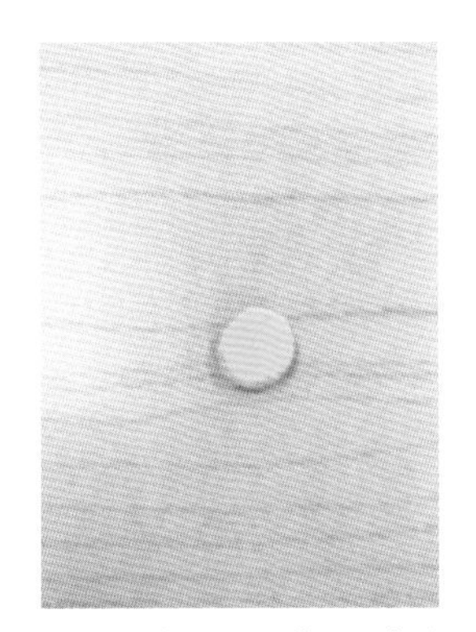

第十一步：揉一个小圆球轻轻压扁

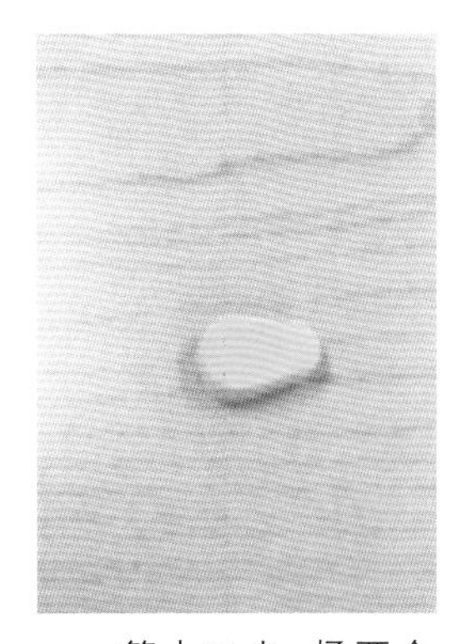

第十二步：揉两个水滴形状的黏土再轻轻压扁

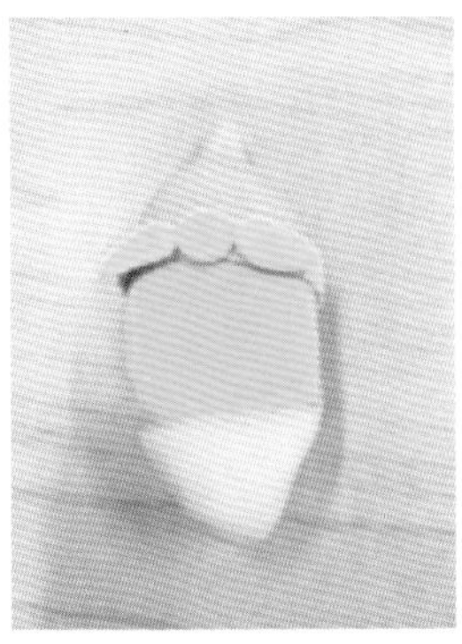

第十三步：把圆和水滴状黏土粘到衣服上

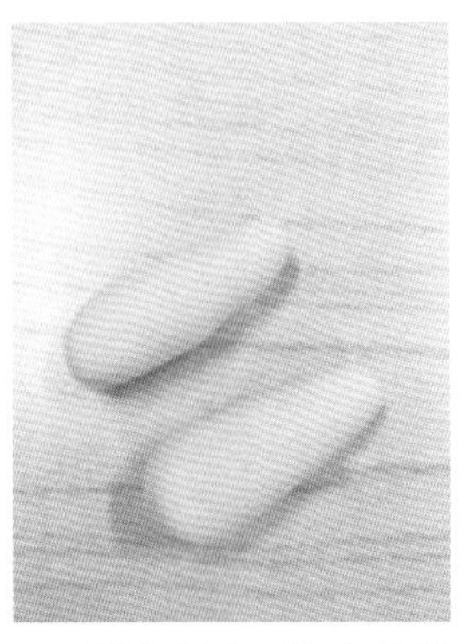

第十四步：用肉色黏土揉两个大小均匀的胡萝卜形状做人物的大腿

第十五步：用白色黏土揉出两个小圆柱

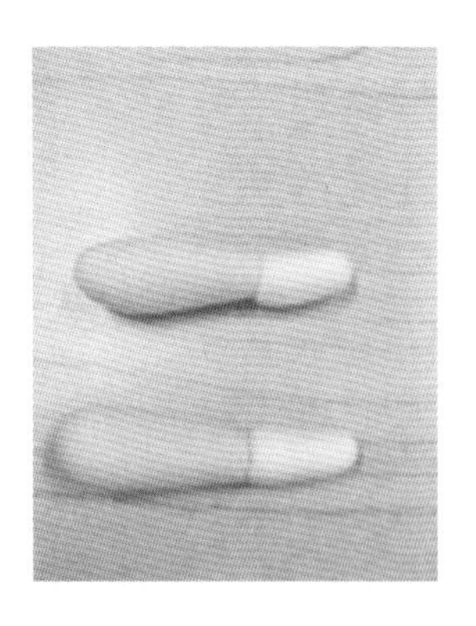

第十六步：把两种圆柱连接起来，适当调整腿形

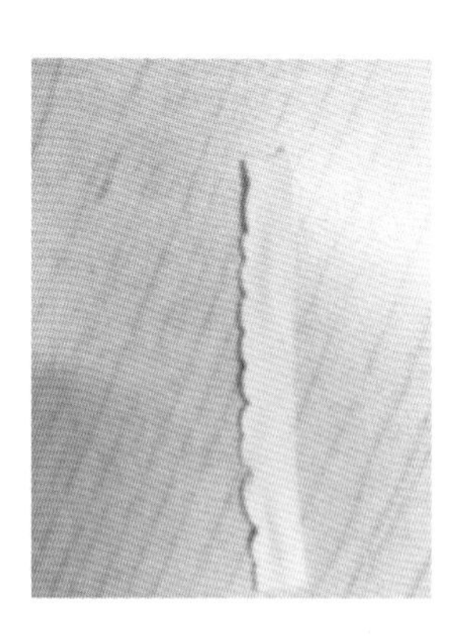

第十七步：用白色黏土搓出均匀的长条压扁，再用刀形工具切成花边状

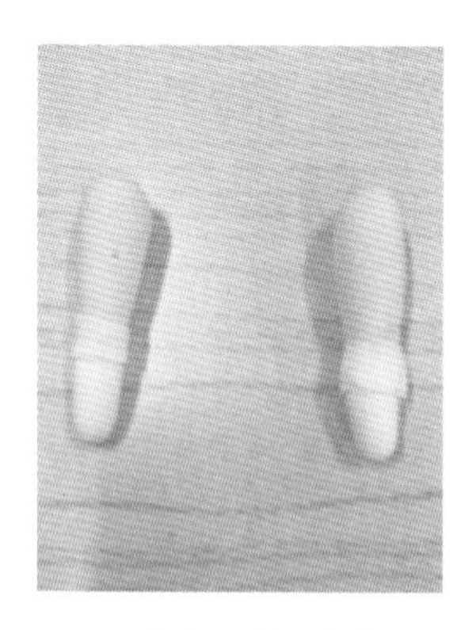

第十八步：在大腿和小腿连接处粘上花边，多余处用剪刀剪掉

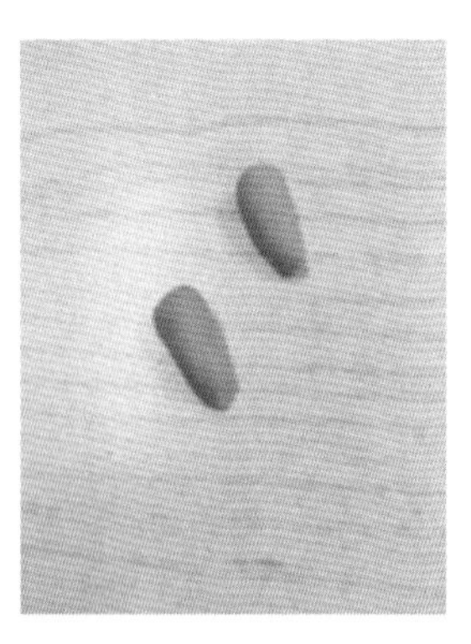

第十九步：揉两个水滴形黏土做靴子的上半部分

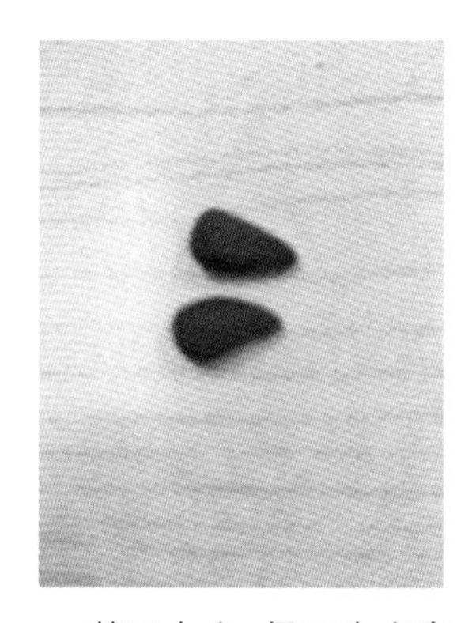

第二十步：揉两个水滴形黏土做靴子的下半部分

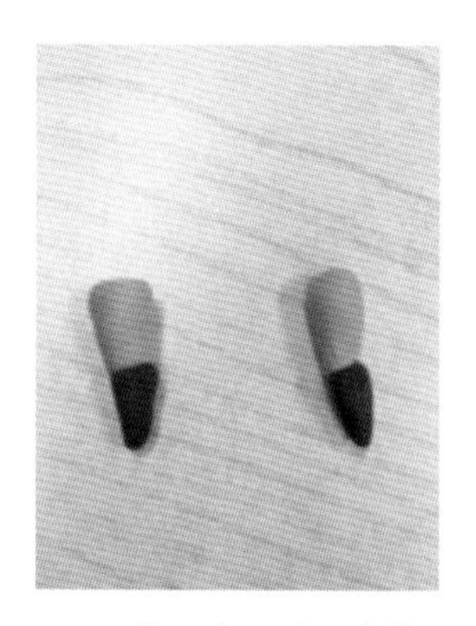

第二十一步：连接上半部分和下半部分，完成靴子的制作

第二十二步：把靴子连接到腿上

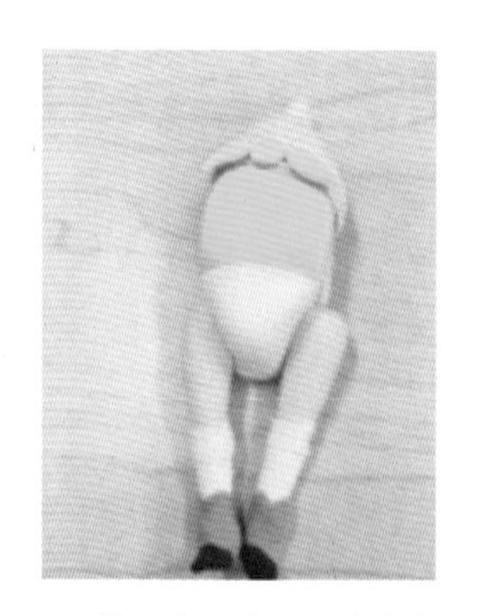

第二十三步：用胶水把两腿连接到身体上

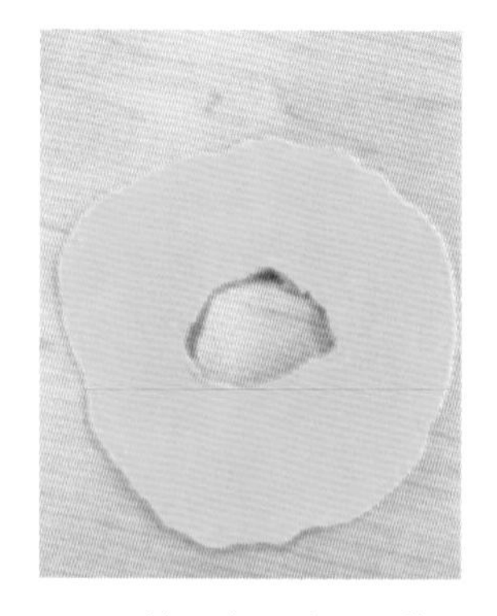

第二十四步：用黄色黏土做出圆饼，用工具在中间挖出一个圆空

第二十五步：把圆饼连接到身体上做裙子，并调整裙摆

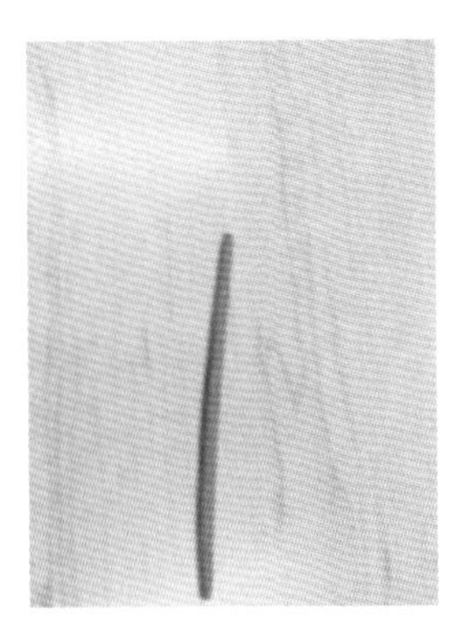

第二十六步：将蓝色黏土搓成长条并轻轻压扁

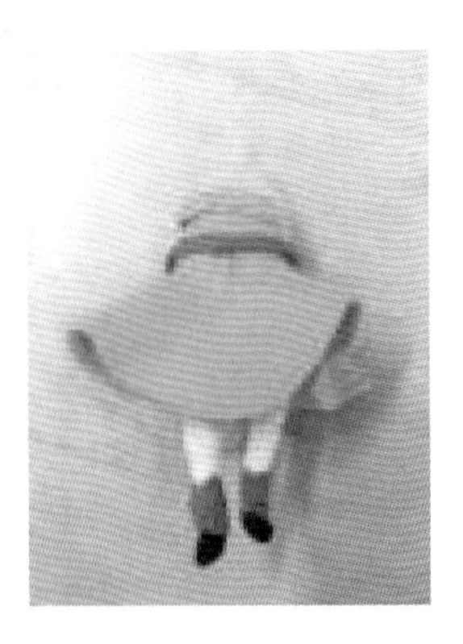

第二十七步：在裙子和身体连接处粘上蓝色长条

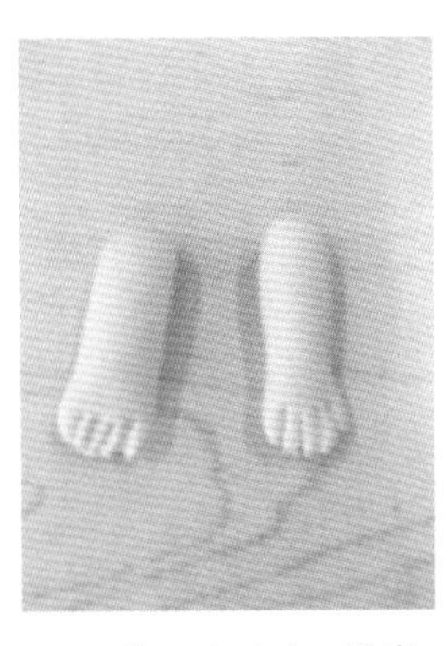

第二十八步：搓出圆柱形，再把细端轻轻捏扁，用剪刀剪出手指形状

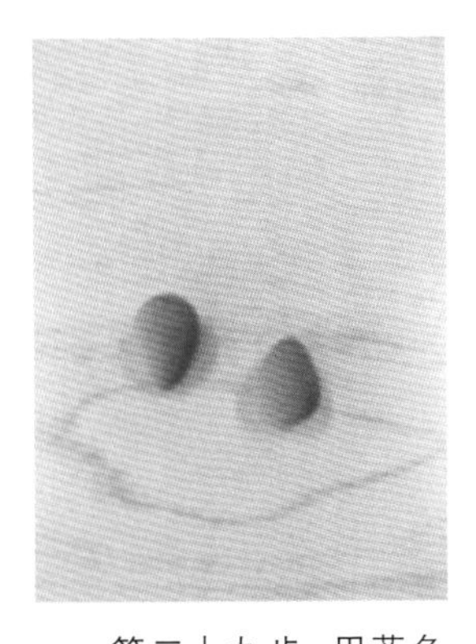

第二十九步：用蓝色黏土做两个"水滴"，作为袖子

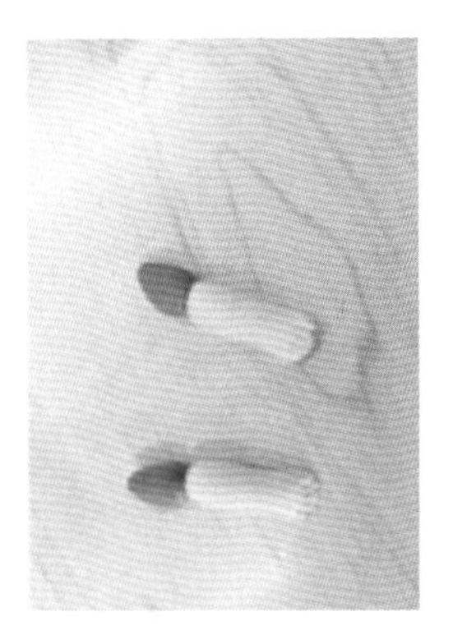

第三十步：连接手和袖子，并调整袖子形状

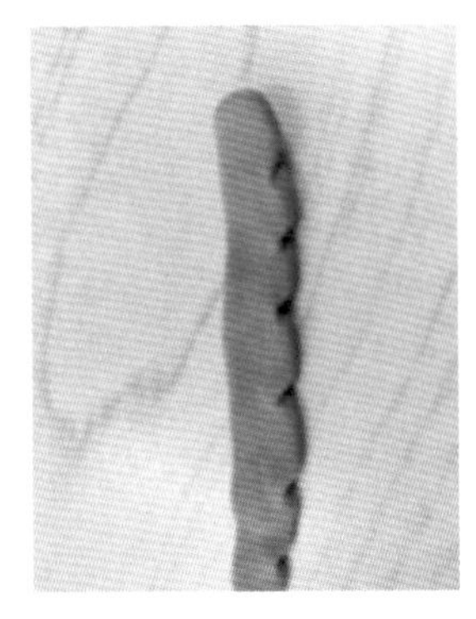

第三十一步：用蓝色黏土做出花边

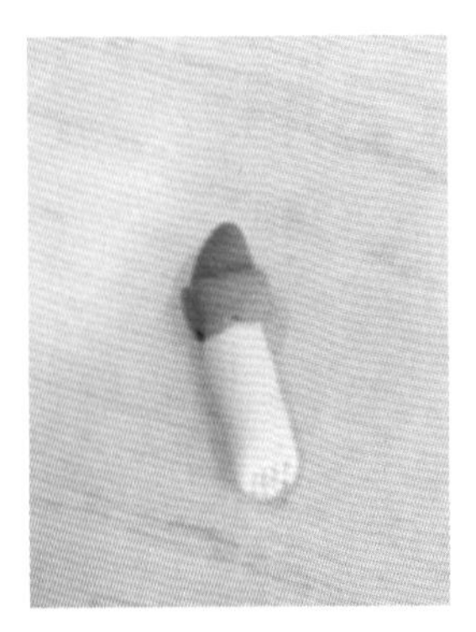

第三十二步：把花边状黏土粘贴在袖子和手臂连接处

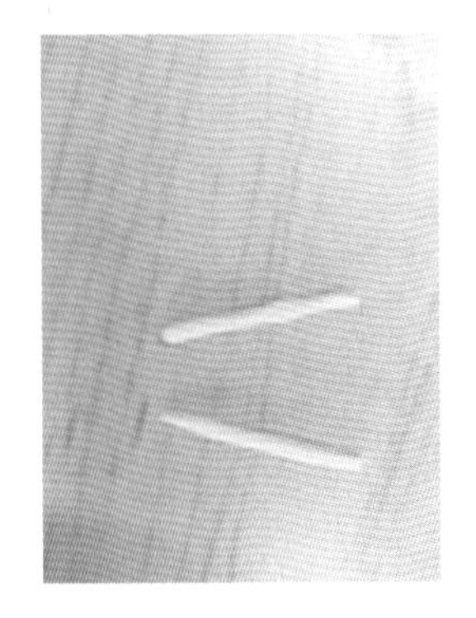

第三十三步：搓出长条压扁作为衣服的条纹。

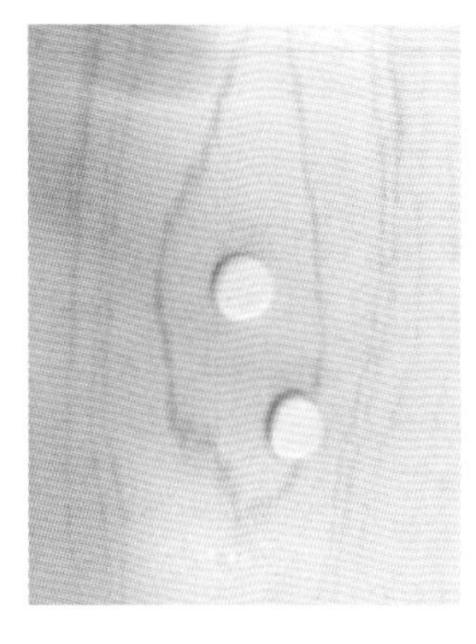

第三十四步：揉两个圆球压扁，做衣服

第三十五步：身体最后的效果

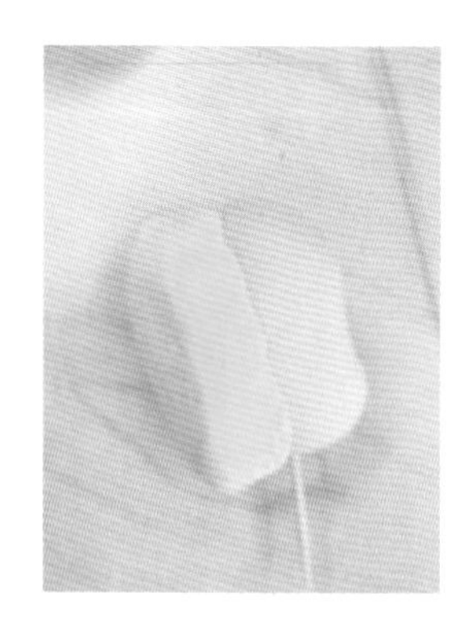

第三十六步：连接头部和身体

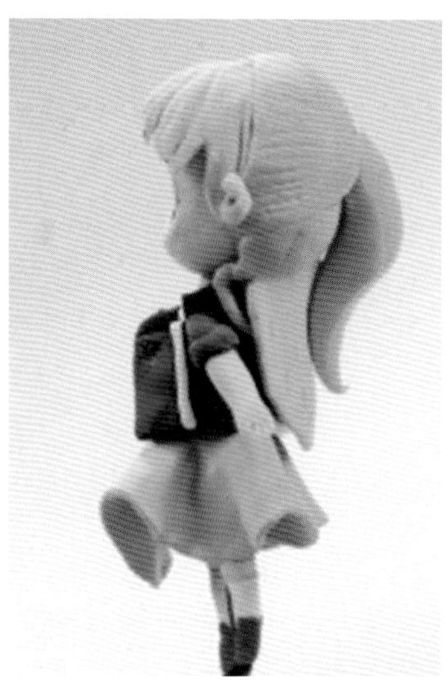

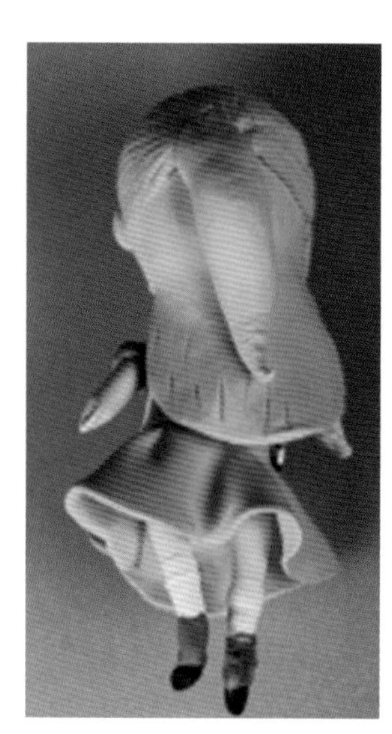

最后效果

※ 动动脑　动动手

（1）用超轻黏土制作自己的Q版黏土形象。

第六节　Q版人物黏土作品欣赏

学生徐曼曼作品

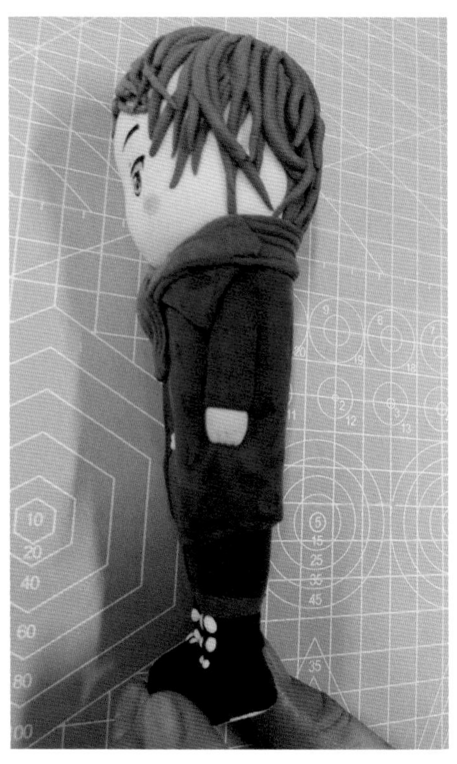

学生陈华成作品

学生胡斌斐、郑泳琪、黄贾茵作品

学生杨可可作品

学生黄崔鑫作品

学生黄贾茵作品（根据《海贼王》动画形象制作）

学生作品（根据《海贼王》动画形象制作）

学生陈华成、张结祥、李丹东、沈俭达、周琦、沈剑涛等作品（根据《七龙珠》动画形象制作）

动漫 2015 级学生